AF454076

ENCYCLOPÉDIE

POPULAIRE,

ou

LES SCIENCES, LES ARTS

ET LES MÉTIERS,

MIS A LA PORTÉE DE TOUTES LES CLASSES.

L'instruction mène à la fortune
et conduit au bonheur.

HISTOIRE

NATURELLE

DES ABEILLES,

SUIVIE

DE LA MANIPULATION

ET DE

L'EMPLOI DU MIEL ET DE LA CIRE,

POUR SERVIR DE COMPLÉMENT A LA MÉTHODE
DE SOIGNER LES ABEILLES,

PAR M. FÉBURIER,

Membre des Sociétés d'Agriculture de Seine-et-Oise,
d'Horticulture de Paris, de Londres, etc.

PARIS,

AUDOT, ÉDITEUR,

RUE DES MAÇONS-SORBONNE, N° 11.

1828.

IMPRIMERIE DE A. HENRY,
RUE GIT-LE-COEUR, Nᵒ 8.

HISTOIRE

NATURELLE

DES ABEILLES.

DESCRIPTION DES INSECTES QUI COMPOSENT UNE
FAMILLE D'ABEILLES.

—

Il y a dans une famille d'abeilles nommée *essaim*, trois sortes d'insectes.

1°. Les *abeilles neutres* ou ouvrières qui font la masse de la population, puisque, dans les tems ordinaires, elles sont au nombre de vingt-cinq à trente mille. Ce sont des femelles dont les organes de la génération ne sont pas développées.

2°. Les *abeilles mâles* auxquelles on a donné le nom de *faux bourdons*. Elles constituent, pendant leur existence, du trentième au quarantième de la population de la famille.

3°. Une abeille féconde nommée *mère abeille* ou *reine*. On n'en voit plusieurs qu'à l'époque où une partie de la famille s'en sépare pour s'établir ailleurs et former de nouveaux essaims. Comme toutes les abeilles ouvrières dites aussi *mouches à miel* et les mâles proviennent des œufs pondus par la reine, l'essaim est une véritable famille.

L'abeille ouvrière est un insecte de six lignes (1,353 centim.) de long sur deux lignes (4,5 millim.) d'épaisseur, d'une couleur roux-brunâtre. Elle est chargée de longs poils penniformes sur toutes ses parties. Sa tête est déprimée et presque triangulaire. Elle a : 1° sur les côtés, deux yeux ovales et à facettes, et sur le sommet, trois yeux lisses beaucoup plus petits. 2° Elle porte deux antennes brisées, ayant plusieurs articulations. 3° Sa bouche est garnie d'une lèvre supérieure très-apparente, de deux fortes mandibules, de quatre palpes, de deux mâchoires et d'une lèvre inférieure très-longue, dont la réunion forme une trompe ou langue fléchie en dessous, laquelle sert à recueillir le nectar des fleurs, la miellée des feuilles, etc.

Le corselet d'une ouvrière est presque

globuleux; il tient à la tête, comme le ven
tre tient au corselet, par des filets très-
courts. Il supporte de chaque côté, deux
ailes nues, membraneuses, veinées et qui
recouvrent le ventre quand l'ouvrière est
en repos. Il est posé sur six pattes dont
chacune est terminée par deux crochets.
Les trois paires de pattes ont des brosses;
mais celles des pattes de devant sont ar-
rondies et celles de derrière aplaties. La
paire des pattes de derrière est plus lon-
gue et a une palette ou petite cavité dans
laquelle l'insecte place la propolis et le
pollen ou poussière séminale des fleurs.

Le ventre, ou abdomen, est ovale-
alongé, recouvert de six bandes écailleu-
ses. Il contient deux estomacs dont le premier, ou le plus antérieur, n'est jamais
rempli que de miel; le second, qui paraît
en être une prolongation, renferme de la
cire que l'ouvrière fait avec du miel, comme
elle confectionne du miel avec du nectar,
de la miellée, du sucre et autres substances sucrées qu'elle tire des végétaux et
qu'elle élabore dans son premier estomac.

Les intestins sont placés dans l'abdomen. Ce dernier est terminé par un aiguillon composé d'un étui formé de deux
pièces qui peuvent s'écarter l'une de l'au-

tre pour laisser agir deux autres pièces semblables à des flèches qui ont cinq dentelures de chaque côté. A la base de cet aiguillon, est une vessie remplie d'un poison qui pénètre dans la plaie faite par l'aiguillon.

Des muscles recteurs mettent cet aiguillon en mouvement et le lient assez solidement à l'intestin rectum pour ne pouvoir être détaché du corps de l'abeille sans entraîner avec lui cet intestin, ce qui occasione la mort de l'ouvrière lorsqu'elle laisse son aiguillon dans la plaie.

La reine ou mère abeille, est un peu plus grande, plus grosse et plus rousse que les ouvrières. Son ventre s'alonge beaucoup lorsqu'elle est pleine. Ses pattes plus longues et d'une couleur plus claire que celles des ouvrières, n'ont ni brosses, ni palettes. Elle a deux ovaires alongés, composés d'un grand nombre de vaisseaux ou oviductes remplis d'œufs et se prolongeant jusqu'à un canal commun qui conduit à la matrice dans laquelle les œufs parviennent. Ils en sortent enduits d'une substance visqueuse qui sert à les coller contre le fond des alvéoles. La reine a un aiguillon plus fort que celui des ouvrières. Elle peut produire un son qui varie suivant les circonstances, mais qui ordinairement se rapporte à celui des cigales, et qui a le pouvoir de rendre les ouvrières immobiles pendant quelques momens, et de suspendre leurs travaux.

Le mâle ou faux bourdon, est moins long que la reine, mais son corps est plus gros que celui de l'ouvrière. Il a la tête ronde, le corps aplati et noirâtre. Ses mâchoires et sa trompe sont plus petites. Ses pattes sont dépourvues de palettes, et son abdomen n'est point terminé par un aiguillon ; mais il est en grande partie rempli par les organes de la génération qui se retournent en sortant, et qui, dans cet état, ressemblent un peu à une tête de chèvre avec ses cornes. Si on presse son ventre, on les fait sortir facilement, et ils prennent cette position ; mais l'insecte ne développe pas une membrane mince et diaphane en forme de vessie, alongée et étranglée par le milieu, qui se déploie pendant la copulation, en formant un arc lequel se prolonge sur la partie supérieure de l'abdomen et du corselet, lorsqu'il la développe sans être accouplé. Sa semence visqueuse et blanchâtre la traverse promptement. Il en résulte que, pendant la réunion du mâle et de la reine, cette dernière est placée sur le mâle qu'elle retient avec ses pattes, comme la femelle des guêpes. Lorsque le mâle vole, il fait beaucoup de bruit avec ses ailes. On a soutenu, depuis quelques années, qu'il pouvait changer le miel en cire, comme les ouvrières.

On a aussi annoncé, depuis peu, qu'il y avait dans un essaim, une quatrième sorte d'abeilles plus petites, plus timides, moins exercées au vol que les ouvrières, destinées par la nature à soigner le couvain, à lui préparer et à lui fournir sa nourriture, et conséquemment à être sédentaires dans la ruche. On les a nommées *nourrices*.

J'avoue que je n'ai jamais pu distinguer ces nourrices malgré mes nombreuses observations. J'ai poudré des ouvrières à leur sortie de la ruche et à leur rentrée ; je les ai vues soigner les larves comme celles qui ne l'étaient pas. J'ai examiné avec attention les rayons de beaucoup de ruches, et je n'y ai aperçu que des alvéoles de trois dimensions, pour les reines, pour les mâles et pour les ouvrières. Cependant, s'il existait dans une famille d'abeilles une quatrième sorte d'insectes plus petits que les ouvrières, il me paraît qu'on devrait trouver des alvéoles moins grands que ceux destinés aux ouvrières, pour y élever les nourrices. J'ai fait des essaims entièrement composés d'ouvrières et d'une reine, d'autres où il n'aurait dû y avoir, en quelque sorte, que des prétendues nourrices, et ces essaims ont également réussi. Dans les premiers, les ouvrières ont fait les constructions, nourri le couvain et fait les approvisionnemens nécessaires. Dans les seconds, les prétendues nourrices ont été recueillir la propolis, le nectar, le pollen : elles ont fait les rayons indépendamment des soins donnés au couvain.

Cependant il est certain qu'on trouve des ouvrières de diverses dimensions dans les ruches. En effet, les alvéoles d'ouvrières qui sont tous dans les mêmes proportions, lorsqu'ils sont nouvellement construits, ne conservent pas cette égalité par la suite, parce que la ponte de la reine est plus fréquente dans certains rayons que dans d'autres, et qu'à chaque élève formé dans un alvéole, il est tapissé d'une nouvelle toile qui le rétrécit de plus en plus, au point de réduire ses proportions d'un tiers. Les ouvrières nourries, dans ces petits alvéoles, ne peuvent acquérir toutes leurs dimensions, et quelques-uns de leurs organes peuvent éprouver des modifications qui les distinguent des autres ouvrières, comme ces dernières le sont des reines; ce qui aura donné

lieu à l'idée de l'existence des nourrices
dans les essaims. Telles sont les raisons qui
m'empêchent de diviser les abeilles d'une
famille en quatre sortes. Je les soumets au
jugement des naturalistes et des apiculteurs éclairés.

L'abeille que nous venons de décrire, est
indigène des forêts de l'ancien Continent,
dans lequel on en trouve plusieurs autres
espèces, mais dont on n'a pu tirer aucun
parti, et qui sont nuisibles dans les lieux
où l'on cultive l'abeille domestique, parce
qu'elles la privent d'une partie du nectar
et du pollen des fleurs. Cette dernière varie
un peu dans ses dimensions comme dans
ses couleurs, suivant la température des
lieux qu'elle habite.

L'abeille a les yeux disposés de manière
à voir le jour et la nuit. Elle fait sa récolte
en plein jour, et elle construit les rayons
comme elle soigne et nourrit les larves
dans l'obscurité. Le sens du toucher est
principalement placé dans ses antennes,
au point que, lorsqu'on les coupe, les
abeilles ne reconnaissent pas bien les ob-
jets et qu'elles se dirigent mal.

Le sens de l'ouïe est assez délicat pour
que le bruit de leurs ailes et le chant de
la reine, servent à plusieurs de leurs mou-

vemens, et soient au besoin un signe de
rappel ou de travaux. Aussi les abeilles
n'aiment pas le bruit, et elles se retirent,
lorsqu'elles sont libres de choisir, dans des
lieux solitaires. .

Elles ont l'odorat tellement fin qu'elles
se rendent à une lieue (4,444 kilomètres)
de distance pour butiner sur les fleurs qui
les attirent par leur parfum, le nectar,
le pollen, etc., dont elles ont besoin.
Elles sont sensibles au froid et elles ne
sortent que lorsque la température est
douce ou chaude ; enfin, elles reconnaissent ceux qui les soignent, et elles finissent
par s'y attacher. Quant à leur amour et à
leur dévouement pour leur reine, dès qu'elle
a été fécondée, ils sont tels, qu'elles s'exposent courageusement à la mort pour la
défendre.

Leur gouvernement est paternel. C'est
une mère de famille qui dirige les travaux
de ses enfans, et qui ne réclame en échange
que leur tendresse, et le simple nécessaire
qu'ils s'empressent de lui fournir en prévenant ses besoins.

Quant aux sujets, ils sont tous égaux,
s'occupent indifféremment de tous les ou-
vrages utiles à la société, et ils jouissent

en commun des trésors utiles qu'ils ont accumulés.

Les anciens avaient quelques idées de l'ordre qui règne dans un essaim d'abeilles, et il semble que Lycurgue les ait prises pour modèles dans son plan de gouvernement. Ils donnaient le nom de roi au chef des abeilles. Voltaire dit que *ce ne fut pas probablement un républicain à qui cette idée vint dans la tête.* Je ne vois pas bien la raison de cette opinion. L'idée d'une république n'exclut pas celle d'un roi, puisque ce terme ne signifie autre chose qu'un gouvernement qui dirige par des lois établies pour le bonheur général de tous les membres de la société. Un pareil gouvernement ne peut donc être en contradiction avec la royauté, si le roi gouverne de cette manière. Il ne repousse pas même l'hérédité, si elle est utile au bien général, ce qui est certain pour les grands états de l'Europe. Telle était l'opinion de plusieurs nations anciennes, et entre autres des Lacédémoniens.

Travaux des Abeilles.

Aussitôt qu'un essaim d'abeilles a choisi pour sa résidence un trou d'arbre, ou un creux de rocher, il s'entasse dans la partie supérieure, où il se suspend, en formant soit un ovale, soit une grappe de raisin. Les premières abeilles s'attachent avec les crochets de leurs pattes contre le corps qui leur sert d'appui, et les autres se suspendent aux premières. Ensuite elles forment comme des rideaux qui semblent diviser l'espace où elles vont commencer la construction de leurs rayons ou gâteaux. Pendant ce tems, quelques ouvrières parcourent l'habitation, et on en voit bientôt sortir un grand nombre qui vont butiner dans les champs, où les unes ramassent la propolis qu'elles recueillent, plus particulièrement dans nos climats, sur la famille des chicoracées, principalement sur le pissenlits, comme sur les bouleaux et sur les arbres résineux. Elles la mettent sur les palettes de leurs pattes de derrière, et quelquefois elles se roulent dessus. Les autres se gorgent du nectar des fleurs, et, plus tard, de la miellée des feuilles. D'autres ramas-

sent du pollen qu'elles disposent en pelote
sur leurs palettes (*).

(*) La PROPOLIS est une espèce de mastic
composé de trois autres substances, savoir : le
comosin, drogue fort amère et fort tenace, dont
les abeilles font leur première couche ; le *pisso-
keros*, mélange de cire et de poix ; la *propolis*,
proprement dite, matière résineuse d'un brun
noirâtre ou rougeâtre, suivant qu'elle est ancienne ou nouvelle.

Le nectar est une substance composée de sucre
fluide et de mucilage gommeux, qui s'exsude
de petites glandes, saillantes ou excavées, qu'on
trouve dans les nectaires des fleurs.

La miellée est une excrétion des végétaux qui
couvre les feuilles de tems à autre, dans l'été
ou au commencement de l'automne, et dont le
goût se rapproche de celui du miel commun,
d'où son nom. Le miel qui en résulte est d'une
qualité inférieure à celui du nectar.

Le pollen est une substance contenue dans les
anthères des fleurs. C'est la réunion d'une quantité considérable de corpuscules, en général
globuleux, remplis d'une liqueur prolifique qui
pénètre par les vaisseaux du stigmate jusque
dans l'ovaire dont elle féconde les ovules. Le
pollen a diverses couleurs : jaune dans le lis,
noir dans la tulipe, vert dans l'ognon commun,
mais plus communément rouge, d'où le nom de
rouget qu'on a donné à celui que les abeilles en-
tassent dans les alvéoles.

Cette poussière séminale des fleurs qui colore
les doigts lorsqu'on touche l'intérieur des fleurs

Tandis qu'elles s'occupent de ces approvisionnemens, quelques abeilles nettoient l'habitation, et jettent dehors tout ce qui peut leur être nuisible. Dès qu'elles ont de la propolis, elles s'en servent pour boucher les trous et les fentes du local, à l'exception du passage destiné à l'entrée et a la sortie. Elles en emploient aussi pour attacher leurs gâteaux, qu'elles commencent par la partie supérieure, et qu'elles prolongent en descendant verticalement. Ainsi leurs travaux de construction se font en sens inverse de ceux de l'homme, quoiqu'elles puissent travailler en sens contraire, comme on l'a vérifié par l'expérience.

Les ouvrières qui ont apporté du nectar ou de la miellée, se suspendent dans la ruche et y restent immobiles pendant que ces substances se changent en miel dans leur premier estomac et en cire dans le second. Elles dégorgent une partie de cette cire et l'autre sort de leur abdomen, entre

au moment de la fécondation, époque où elle se détache alors facilement des anthères, avait été appelée par les anciens *cire brute*, parce qu'ils croyaient que les abeilles en faisaient de la cire, Dans certains lieux, on l'a nommé avec plus de raison *pain des abeilles*, puisqu'elles en nourrissent leurs larves.

les écailles, sous la forme de petites plaques qu'elles emploient sur le champ pour la construction de leurs alvéoles en y mêlant la cire dégorgée.

Ces rayons qui sont parallèles entre eux et distans de quatre lignes (9,02 millimètres), ont la largeur de l'intérieur de l'habitation, ordinairement dans son sens le plus étroit. Ils sont attachés sur les côtés et ils sont prolongés jusqu'au bas, si la hauteur de l'habitation n'est pas trop considérable. C'est la réunion d'un grand nombre d'alvéoles placés horizontalement et seulement un peu penchés du côté du fond, qui compose ces rayons ou gâteaux.

Les alvéoles ont une forme hexagonale, et cinq lignes deux tiers (1,078 centimètres) de profondeur, sur deux lignes deux cinquièmes (5,41 mill.) de diamètre. Posés des deux autres côtés du rayon, ils sont disposés de manière que le fond d'un alvéole couvre le tiers du fond de trois autres alvéoles placés de l'autre côté, ce qui leur donne plus de solidité. Leurs parois n'ont qu'un sixième de ligne (0,37 millim.) d'épaisseur ; mais le bord est fortifié par un petit cordon de cire. Ces alvéoles sont destinés à élever les abeilles ouvrières auxquelles elles servent de berceau, et à y mettre du miel et du pollen. Ceux qui n'ont d'autre destination que de servir de magasin, ont la même forme et le même diamètre ; mais leur profondeur varie suivant l'emplacement et peut être d'un pouce. (2,706 centim.)

Les ouvrières terminent plusieurs rayons des côtés par des alvéoles de six lignes et demie (1,480 centim.) de profondeur sur trois lignes et demie (6,89 millim.) de large, mais de même forme que les premiers. Ces grands alvéoles servent à l'éducation des mâles, et ensuite de magasin.

Enfin, à l'époque qui précède d'environ un mois, la sortie des essaims, on trouve quelques grands alvéoles commencés, placés au milieu de la hauteur des rayons du centre et ordinairement dans les ouvertures que les abeilles laissent dans les rayons pour passer d'un rayon à l'autre. Ces alvéoles, qui ont, en dedans, un pouce (2,706 centim.) de longueur sur trois lignes et demie (6,89 millim.) de large, lorsqu'ils sont terminés, sont ovales oblongs, très-polis en dedans, ayant des parois de plus d'une ligne (2,25 millim.) d'épaisseur. Ils sont isolés et verticaux, l'ouverture en bas, et suspendus par des pédoncules plus ou moins longs. C'est le berceau des reines. C'est aussi le meilleur des sifflets.

La forme des emplacemens détermine le point de départ des travaux·des ouvrières. Si l'habitation est arrondie ou en cône, ou même qu'elle ait une forme un peu cubique et qu'elle soit d'une moyenne grandeur, elles commencent par le centre et elles établissent leurs rayons parallèlement aux petits côtés ; mais si le local est grand, elles se placent à un des angles, parce qu'elles préfèrent donner moins de largeur aux rayons qu'elles attachent des deux côtés pour les consolider. A peine un rayon a-t-il de long un pouce ou deux, (2,706 à 5,412 centimètres) que les abeilles en commencent un à droite et l'autre à gauche du premier à quatre lignes (9,02 millim.) de distance. Elles les font parallèles au premier. Les ouvrières continuent ainsi, jusqu'à ce que le haut de l'emplacement soit garni, s'il n'est pas trop grand.

Pendant ces travaux, on voit souvent les abeilles donner de la nourriture à des ouvrières, ce qu'elles font en dégorgeant le miel de leur estomac sur leur trompe qui s'en trouve couverte. Elles se défendent aussi mutuellement, et leur courage

est tel, qu'elles ne craignent pas d'attaquer les animaux les plus grands et les
plus terribles. Elles paraissent s'entendre
très-bien pour leurs travaux. Les sons
qu'elles produisent, ainsi que le chant de
la reine, sont variés suivant ce qu'elles
désirent, ou ce qu'elles veulent faire. Enfin elles se reconnaissent et elles distinguent celles qui ne sont pas de la famille;
aussi, les chassent-elles et souvent même
elles les tuent lorsque ces étrangères veulent entrer dans l'habitation.

Les ouvrières travaillent la nuit comme
le jour, à la confection des alvéoles; mais
elles ne sortent que le jour de leurs de-
meures, pour aller butiner. Elles restent la
nuit sédentaires, tant à cause de la fraî-
cheur, que par l'impossibilité de trouver
du nectar ou de la miellée, ou peut-être
aussi, pour défendre leurs magasins et *le
couvain*, nom donné à la réunion des œufs,
des vers ou larves, et des nymphes ou
chrysalides, et pour lequel les ouvrières
montrent le plus grand attachement. Elles
ont une garde à l'entrée de l'habitation
pour repousser les ennemis; si on y
donne un coup, on entend soudain un
bourdonnement plus ou moins fort et aigu,
comme plus ou moins prolongé, à raison de

leur nombre, et on voit sortir quelques
ouvrières qui courent autour de l'entrée,
et dont quelques-unes prennent ensuite
leur vol, et rôdent à une petite distance de
l'habitation. Au printems, elles sortent
depuis l'aurore jusqu'au crépuscule; mais
dans les chaleurs vives de l'été, elles restent ordinairement dans leurs habitations
de midi à trois heures, sans doute parce
que le soleil ardent a fait évaporer le nectar et la miellée dans cet intervalle.

Lorsque la reine est fécondée avant que
les travaux soient commencés, elle pond
souvent dans des alvéoles qui ne sont pas encore achevés; elle les examine pour s'assurer
s'ils sont propres, autrement elle n'y ponde-
rait pas et passerait à d'autres, ce qui déter-
minerait des ouvrières à nettoyer les alvéoles qui seraient sales. Après cette vérifica-
tion, la reine y enfonce la partie inférieure
de son corps, et elle dépose dans le fond,
un œuf ovale oblong, un peu recourbé,
d'un blanc bleuâtre, long d'une ligne, et
qui y reste collé au moyen de la matière
visqueuse dont il est couvert. Après la ponte
des mâles, l'abdomen de la reine étant
moins gros et plus court, elle dépose ses
œufs contre la paroi intérieure des alvéoles.

Mais si la reine n'est pas fécondée, elle

sort de la ruche depuis onze heures du matin jusqu'à deux ou trois heures du soir, suivant la température ; elle rencontre des mâles qui sont attirés par son odeur, et que le bruit de leurs ailes fait facilement reconnaître. Elle s'accouple en se plaçant sur le mâle, auquel elle se cramponne avec ses pattes. On ignore si pendant l'accouplement, la reine et le mâle continuent à voler pendant l'acte de la fécondation, comme ces jolis insectes nommés demoiselles, ou s'ils se posent, ainsi qu'on a trouvé des guêpes ; mais on sait que lorsque la fécondation a eu lieu, les organes générateurs du mâle, étant trop développés pour qu'il puisse les retirer facilement de la vulve, la reine, en appuyant fortement avec ses pattes sur le mâle pour s'en séparer, parvient à rompre les ligamens qui tenaient ces parties liées à l'abdomen, et elle rentre une demi-heure après sa sortie, fécondée au moins pour l'année. Si elle n'avait pas rencontré de mâle pour la féconder, elle ne prolongerait son absence que d'un quart d'heure pour sortir de nouveau. Après sa rentrée, elle s'occupe à se débarrasser des organes du mâle et ensuite elle est constamment sédentaire dans l'habitation jusqu'à l'essaimage. Elle employe

son tems à y maintenir l'ordre, à en diri-
ger les travaux et à y pondre. Le mâle
privé des parties constituantes de son sexe,
meurt une heure ou deux après la fécondation.

Jusqu'à ce moment, les abeilles avaient
marqué beaucoup d'indifférence pour la
reine ; mais après la fécondation, elles lui
donnent les preuves de la plus vive affection. Dès ce moment, elle est toujours
environnée d'un groupe d'ouvrières qui
forment un cercle, et dont quelques-unes
dégorgent de tems en tems, une nourriture
composée de miel, de pollen et peut-être
de quelques autres substances, car on voit
les abeilles rechercher les eaux corrompues
des mares, et même les urines dont elles
enlèvent les parties salines et peut-être
alcalines.

Quarante-six heures après la fécondation, la reine commence sa ponte, si la
chaleur est suffisante. Cette ponte dure
plus ou moins de tems, et elle est chaque
jour plus ou moins considérable, suivant
la température, ainsi que la nourriture
qu'on donne à la reine. Elle est souvent de
plusieurs centaines d'œufs par jour, et elle
varie de 40 à 80,000 œufs par an.

Si la reine a été fécondée peu de jours

après sa métamorphose en insecte parfait,
la ponte n'est composée pendant les premiers mois que d'œufs d'ouvrières ; mais
si la fécondation a été retardée de quinze
jours ou plus, la ponte des œufs d'ouvrières est bien moins considérable, et bientôt
mêlée d'œufs de mâles. Enfin, si les tems
contraires se sont opposés pendant vingt et
un jours à la sortie de la reine, elle ne
pond après la fécondation, que des œufs de
mâles. Alors elle en place indistinctement
dans tous les alvéoles, même dans ceux de
reines, pendant que, fécondée à tems, il
est rare que la reine mette des œufs de
mâles dans des alvéoles d'ouvrières, et
elle laisse plutôt tomber des œufs d'ouvrières qu'elle ne peut retenir que peu de
tems, plutôt que d'en pondre dans des alvéoles de mâles. S'il lui arrive d'être pres-
sée de pondre avant qu'il y ait suffisamment d'alvéoles d'ouvrières confectionnés,
elle en place deux et jusqu'à trois dans le
même ; mais les ouvrières en retirent pour
n'en laisser qu'un.

Le tems de l'incubation n'est que de
trois jours, parce que le grand nombre
d'abeilles qui forment la famille, suffit ordinairement pour entretenir dans l'habitation, une chaleur de **27** à **29** degrés du

thermomètre de Réaumur (34 à 36 du thermomètre centigrade). Néanmoins si la température de l'atmosphère baissait beaucoup, il faudrait 4, 5 et jusqu'à 6 jours pour l'incubation. Il sort de ces œufs, un petit ver apode, c'est-à-dire, sans pied, blanc, mou, ridé, et qu'on a nommé larve : il se roule sur lui-même au fond de l'alvéole dont il ne sort pas.

Alors, beaucoup d'ouvrières quittent les travaux de construction et d'approvisionnement pour donner des soins à ces larves. Elles leur fournissent une bouillie d'abord blanchâtre et insipide ; c'est un mélange de nectar et de pollen. Les larves en sont environnées et n'ont qu'un léger mouvement à faire pour prendre leur pâture. A mesure que ces larves croissent, la bouillie prend un goût mielleux, et sur la fin de la nourriture, elle est plus sucrée et plus transparente.

Les larves acquièrent tout leur accroissement en 5 ou 6 jours. A cette époque, les ouvrières cessent de leur donner de la bouillie, et elles bouchent les alvéoles avec une mince couche de cire un peu bombée. Les larves achèvent de consommer leur bouillie et elles commencent à filer pour garnir leurs alvéoles d'une toile fine. Elles

emploient 36 heures à ce travail, et 3 jours
après, elles sont métamorphosées en nymphes. Ces nymphes sont très-blanches,
et on en distingue facilement toutes les
parties à travers la peau transparente qui
les enveloppe. Elles passent ordinairement
7 jours et demi dans cet état, et ne déchirent leur enveloppe que le vingtième
jour après la ponte. Elles percent ensuite
le couvercle de cire, et elles sortent des
alvéoles à l'état d'insectes parfaits, c'est-à-
dire, d'abeilles ouvrières.

Elles font ce dernier travail sans le se-
cours des autres ouvrières qui les abandon-
nent à elles-mêmes, dès qu'elles ont fermé
leurs alvéoles jusqu'à celui où elles en sont
sorties, de manière que si elles n'avaient
que la force de faire passer une partie de
leur corps à travers le couvercle de cire,
elles périraient dans cet état ; ce qui arrive quelquefois lorsque la température est
froide.

Mais dès qu'elles ont franchi cet obstacle, elles reçoivent de nouveaux soins de
leurs compagnes, qui les brossent, leur
donnent à manger et s'occupent à nettoyer
l'alvéole dans lequel elles ne laissent que
la toile filée par les larves. Ces toiles,
quoique fines, mais dont j'ai séparé jus-

qu'à 12 dans un alvéole, le rétrécissent au point, comme je l'ai déjà dit, que certains rayons contiennent un tiers de moins de miel. Il se trouve alors des alvéoles plus petits les uns que les autres, et conséquemment des ouvrières de plusieurs dimensions dans la ruche, suivant qu'elles ont été élevées dans des alvéoles sans toile, ou rétrécies par un grand nombre de ces toiles.

Les nouvelles ouvrières peuvent prendre leur essor 24 ou 36 heures après avoir quitté l'alvéole, ce qu'elles font si le tems est beau. Elles sont déjà douées de l'instinct de recueillir le pollen, le nectar, etc., et de concourir à tous les travaux de l'habitation. On les distingue facilement par les anneaux plus bruns et leurs poils gris, pendant que les anciennes les ont d'un roux brunâtre.

Les ouvrières, indépendamment des soins à donner au couvain, continuent les constructions, et lorsqu'elles jugent qu'elles ont assez d'alvéoles d'ouvrières, elles en fabriquent pour le couvain des mâles, en prolongeant les rayons des côtés. Une partie sort en outre pour ramasser du nectar et du pollen, dont elles font une consommation que l'expérience a jugé pouvoir être,

par jour, de plus de 2 livres (1 kilo-
gramme), s'il y a beaucoup de couvain
dans l'habitation.

Si le nectar et le pollen sont tellement
abondans qu'elles ne puissent employer
journellement ce qu'elles en ont apporté,
elles déposent le surplus dans des alvéoles
vides, mais sans ordre à cette époque, à
moins qu'il n'y ait dans la partie supérieure de l'habitation, ou sur les côtés, des
portions de rayon où la reine n'a pas
pondu. Encore les ouvrières sont-elles
quelquefois tellement surchargées d'ou-
vrage, qu'elles remplissent de miel et surtout de pollen, les alvéoles vides des
rayons garnis de couvain. Elles mettent
sur le miel, un couvercle plat de cire blanche, et sur le pollen une couche de miel.

On trouve dans les alvéoles beaucoup
de pollen, lorsque les vents secs dominent
un certain tems, et qu'ils font évaporer
une grande partie du nectar, sans diminuer la quantité de pollen, de sorte que
les abeilles ramassent beaucoup plus de
cette substance au défaut du nectar, et elles
ne peuvent le consommer entièrement. Si
elles ont une bonne provision de miel, elles
en recouvrent le pollen qui se conserve
bien de cette manière; mais lorsqu'elles

en ont peu, il reste à découvert, ou bien
le besoin du miel les force à le découvrir.
Alors exposé à l'air, il se dessèche et dur-
cit, de manière que les ouvrières ne peuvent plus le retirer des alvéoles, où il
reste sous la dénomination de *rouget* déjà
citée.

La reine, après la ponte des ouvrières,
grossit beaucoup, se traîne avec peine, et
elle commence une ponte d'œufs de mâles.
Elle se trompe bien rarement d'alvéoles
pour y placer ces œufs. Si elle le fait, il
en résulte de petits mâles fort rares dans
les ruches. Cette nouvelle ponte dure de
seize à vingt-quatre jours, et ordinairement vingt. Les ouvrières donnent les
mêmes soins et la même nourriture aux
larves de mâles, qu'à celles des ouvrières;
cependant, les mâles emploient quatre
jours de plus pour parvenir à l'état d'insectes parfaits. C'est pendant la ponte des
mâles que les ouvrières commencent les
alvéoles des reines; mais elles ne les con-
struisent que jusqu'à la moitié de leur
hauteur, et elles ne les achèvent que
lorsque la reine y a pondu. Le nombre
de ces alvéoles est relatif à la ponte d'œufs
d'ouvrières et de mâles. On peut en trouver jusqu'à quinze dans des ruches très-

peuplées, et seulement deux ou trois dans des ruches médiocres ; pendant qu'on n'en voit aucun dans des ruches faibles.

La ponte des mâles terminée, la reine en commence une seconde d'ouvrières. Cette ponte est faible et mêlée d'œufs de mâles, les premiers jours. C'est alors qu'en passant auprès des alvéoles royaux, elle y dépose un œuf, mais seulement dans un seul par jour, et quelquefois même, tous les deux ou trois jours. Ces œufs ne diffèrent en rien de ceux dont sortent les ouvrières, et l'on pourrait les mettre dans des alvéoles d'ouvrières et les remplacer par des œufs tirés de ces alvéoles que l'on aurait les mêmes résultats, c'est-à-dire, des reines dans les alvéoles royaux et des ouvrières dans ceux d'ouvrières. On pourrait même placer des larves d'ouvrières dans des alvéoles royaux, pourvu qu'elles n'eussent que trois jours au plus, qu'on obtiendrait encore des reines. Cette métamorphose est due à diverses causes.

La première est un emplacement beaucoup plus grand dans lequel la larve peut prendre ses plus grandes dimensions.

La seconde provient d'une nourriture plus abondante ; car les ouvrières fournissent tant de bouillie aux larves des reines, qu'il en reste toujours dans leurs alvéoles, après leur dernière métamorphose, quoiqu'on n'en trouve jamais dans celles des ouvrières.

La troisième est l'effet de la bouillie donnée aux larves des reines. Elle a, dans les commencemens, un goût aigrelet, et elle est ensuite très-sucrée.

Les ouvrières redoublent de soins pour ces larves. Il y en a toujours qui veillent autour des alvéoles qu'elles ont isolés ; elles achèvent ces alvéoles à mesure que les larves croissent. Ces dernières ne vivant que cinq jours en cet état, les ouvrières, au commencement du neuvième jour, en comptant les trois pour l'incubation, ferment l'alvéole avec un couvercle beaucoup plus épais que celui des alvéoles d'ouvrières. L'insecte file sa toile en vingt-quatre heures, parce qu'il n'en garnit ni le fond ni le couvercle. Il passe deux jours et demi en repos, puis il se métamorphose en nymphe, et après avoir été dans cet état environ quatre jours et demi, il arrive à celui de reine ou de mère à la fin du seizième jour. Cette reine s'élance ordinairement dans les airs, le cinquième jour après sa dernière métamorphose, pour s'accoupler avec un mâle.

La différence de nourriture a une si grande influence sur le développement des ovaires, que si les ouvrières qui nourrissent les larves des reines, donnent ce qu'elles ont de trop de bouillie à des larves d'ouvrières, il résulte dans ces dernières un demi-développement de leur ovaire. Elles peuvent être fécondées, mais elles ne pondent que des mâles. On les nomme petites mères, parce qu'elles conservent les dimensions d'ouvrières. Ces petites mères vivent peu. La reine, dès qu'elle les aperçoit, les attaque et les perce de son aiguillon.

Les ouvrières ont l'instinct d'employer un grand alvéole et la nourriture destinée aux larves de reines pour s'en procurer une, lorsqu'elles viennent à perdre la leur. La mort de leur reine occasione d'abord un grand désordre dans la famille ; mais les ouvrières qui aperçoivent des œufs ou des larves d'ouvrières qui n'ont pas plus de trois jours, sonnent le rappel ; l'ordre se rétablit à ce signal, et les ouvrières, au lieu de transporter l'œuf ou la larve dans un grand alvéole, démolissent autour de celui qui contient l'un ou l'autre, plusieurs petits alvéoles pour pouvoir en construire un grand qui est horizontal dans le rayon, mais qui est incliné en dehors vers la terre. Ainsi, en augmentant l'alvéole et en changeant la bouillie, elles obtiennent une ou plusieurs reines pour remplacer l'ancienne, s'il existe des mâles pour les féconder.

Division des Familles ou *Essaimage.*

La reine continue une ponte d'œufs d'ouvrières, pendant que les larves des mâles et de nouvelles reines prennent leur accroissement et subissent leurs métamorphoses. La population devient de jour en jour plus considérable, et elle augmente la chaleur de l'habitation. D'une autre part, la nature a inspiré aux reines une telle aversion les unes pour les autres, qu'elles s'attaquent dès qu'elles s'aperçoivent, et que le combat se termine par la mort de l'une d'elles. Ainsi, lorsque leurs nymphes sont sur le point de subir leur dernière métamorphose, et plus encore, lorsqu'elles sont en état de sortir de l'alvéole, ce qu'elles indiquent par leur chant, la reine annonce une grande inquiétude et elle est dans une très-grande agitation.

Les ouvrières douées de l'instinct de

prévoir qu'une partie de la famille sera forcée de s'expatrier, rôdent dans les environs pour trouver un lieu propre à établir une colonie. Cependant, la reine dont l'agitation augmente, surtout à la vue des alvéoles qui contiennent des jeunes mères, tantôt attaque ces alvéoles royaux, tantôt parcourt les rayons avec rapidité, en choquant les ouvrières et les mâles qu'elle rencontre sur son passage et qu'elle met en rumeur. Cette considération et la chaleur de l'habitation qui devient plus forte, déterminent les abeilles à se préparer au départ, après deux ou trois jours de cette agitation qui va toujours croissant, ce dont on s'aperçoit par l'augmentation du bruit produit par le bourdonnement des abeilles.

Enfin, le troisième ou le quatrième jour, une partie des ouvrières se décide à quitter l'habitation et s'approvisionne de miel pour deux ou trois jours, si toutefois le tems est beau, le ciel serein et le vent faible. Comme la chaleur est beaucoup plus grande dans l'intérieur de l'habitation que dans l'air ambiant, on voit beaucoup d'ouvrières voltiger devant la ruche; les mâles sortent de meilleure heure, et quelquefois beaucoup d'abeilles passent la nuit dehors, en formant un groupe au-dessous de l'entrée de leur retraite.

Bientôt le bruit cesse, et toutes les abeilles rentrent. Tout à coup, quelques ouvrières se placent à l'entrée, se tournent du côté de l'habitation et y sonnent le départ. A ce signal, des milliers d'abeilles se précipitent en foule, sortent, s'élèvent dans les airs et se répandent au-dessus et autour de l'habitation, pendant que quelques-unes cherchent un lieu qui puisse servir de point de ralliement. Dès que la reine est sortie, on la dirige vers cet endroit qui est ordinairement une branche d'arbre. L'essaim s'y réunit et forme un groupe en masse arrondie ou alongée ; ce groupe est plus volumineux si les rayons du soleil le frappe, et il se resserre si un petit nuage vient à l'en garantir. Quelque tems après, on part pour la nouvelle habitation vers laquelle les ouvrières qui l'ont découverte, conduisent l'essaim.

Il peut arriver qu'au moment du départ, de forts nuages viennent couvrir l'habitation et intercepter les rayons du soleil, ou bien qu'il s'élève un fort vent. Dans ce cas le départ est retardé. Si la même chose avait lieu lorsque les abeilles ne font que de sortir, ou bien si la reine n'avait pas suivi l'essaim, ce dernier retournerait dans l'ancienne habitation pour repartir lorsque les circonstances seraient plus favorables ; mais si le tems devenait pluvieux ou froid, le départ serait différé et pourrait même devenir impossible.

En effet, la nature qui a fixé l'unité de reine dans un essaim, ne permet pas à deux reines de se rencontrer sans un combat à mort. Leur aiguillon dont elles ne se servent guère que dans cette occasion, est l'arme qu'elles emploient et avec lequel elles peuvent se percer entre les écailles de l'abdomen ; et si elles s'attaquent par devant, elles peuvent se blesser mutuellement et périr toutes les deux ; mais elles ont, dans ce cas, l'instinct de lâcher prise, pour s'attaquer de nouveau, parce qu'elles ne peuvent pas quitter le champ de bataille fermé par un cercle d'ouvrières. Celle qui saisit son ennemie de manière à pouvoir lui monter sur le dos, comme lorsqu'elle la prend avec ses mâchoires par le point d'attache d'une aile, peut lui donner un coup d'aiguillon sans pouvoir être blessée. Alors le poison qui pénètre dans la plaie, donne une mort prompte à celle qui a succombé.

Cet instinct des reines de livrer des

combats à mort, est tel, qu'elles attaquent les alvéoles royaux qui contiennent des jeunes mères développées. La reine après s'être agitée à leur simple vue, finit par chercher à détruire le couvercle ou le fond des alvéoles, et à donner des coups d'aiguillon à travers. Cependant si le ciel est beau et le vent faible, il est rare qu'elle puisse employer assez de tems pour détruire ses rivales, parce que l'agitation jointe à la chaleur, qui peut s'élever dans l'habitation à 32 degrés du thermomètre de Réaumur (40 du therm. centigrade), détermine la sortie de l'essaim.

Si, au contraire, la saison s'oppose au départ, la reine parvient à percer le fond des alvéoles royaux et finit par blesser les jeunes reines et même leurs nymphes. Si elle les tue toutes, il n'y a plus lieu à l'essaimage. On voit par cette marche que le premier essaim est toujours dirigé par l'ancienne reine qui est fécondée. Aussi ne trouve-t-on jamais de jeunes reines, ni deux reines, dans un premier essaim.

Il est très-remarquable que les abeilles qui sont soumises à leur reine fécondée, mais qui désirent conserver les jeunes pour fonder des colonies, les retiennent dans leurs alvéoles pour les empêcher de com-

battre l'ancienne. A cet effet, elles forti-
fient le couvercle par une nouvelle couche
de cire et y font seulement un petit trou
à travers lequel la prisonnière passe sa
trompe pour recevoir sa nourriture que les
ouvrières lui dégorgent. Toutes les jeunes
mères restent ainsi renfermées et gardées à
vue jusqu'au moment du départ. Mais cette
précaution ne les sauve pas si la sortie de
l'essaim est beaucoup différée; et le chant
qu'elles font entendre, accélère leur perte
en attirant l'ancienne reine à laquelle la
garde n'oppose aucune résistance. Comme
il y a eu des intervalles entre la ponte de
chaque œuf dans les alvéoles royaux, il y
a de jeunes reines en état d'insecte parfait
pendant que des vers d'autres mères sont à
peine éclos. L'ancienne reine n'attaque que
les jeunes reines ou les nymphes prêtes à se
métamorphoser. Il en résulte qu'il faut que
les tems contraires durent 12 à 15 jours
pour la destruction de toutes les jeunes reines, ce qui arrive rarement à l'époque de
l'essaimage.

Les choses se passent autrement, lorsque le premier essaim est parti. Les ouvrières laissent alors sortir de son alvéole,
la reine la plus âgée qu'il paraît qu'elles reconnaissent à l'intensité de son chant.

Comme elle est restée plusieurs jours à l'état d'insecte parfait dans l'alvéole, elle a eu le tems de se fortifier et elle peut sortir et voler de suite. Si elle profite sur le champ de sa liberté pour se faire féconder, elle jouit de tous ses droits en rentrant dans l'habitation et elle peut détruire ses rivales, parce que la garde qui veille sur les alvéoles royaux, ne lui fait aucune résistance. Dans ce cas, il n'y a pas lieu à la sortie d'un second essaim. Mais si la jeune reine ne sort pas de suite, elle parcourt l'habitation, et dès qu'elle aperçoit un alvéole royal, elle s'en approche pour détruire la reine qui y est renfermée. Les ouvrières qui ont tant d'affection et qui montrent tant de respect pour une reine fécondée, étant au contraire indifférentes à l'égard de celles qui sont vierges, au point de ne pas les accompagner, ni de leur présenter de la nourriture, s'opposent à son projet d'attaque en employant, au besoin, la force pour la repousser. Cette conduite l'agite; elle parcourt l'habitation avec rapidité et elle communique son agitation aux ouvrières. Alors si la température est élevée et que les abeilles soient encore assez nombreuses, il y a lieu à la sortie d'un nouvel essaim.

Les ouvrières laissent ensuite la reine la plus âgée sortir de son alvéole ; et les mêmes causes peuvent la porter à quitter l'habitation avec une partie des ouvrières et des mâles. Cependant ces sorties d'essaims qui ont lieu de cinq à dix jours entre le premier et le deuxième, de trois ou quatre entre le second et le troisième, et d'un ou deux entre le troisième et le quatrième, diminuent beaucoup le nombre des ouvrières et les mettent dans l'impossibilté de faire une garde aussi sévère autour des alvéoles royaux pour s'opposer à la sortie des jeunes reines, surtout au moment du départ de ces essaims secondaires. Aussi plusieurs profitent du trouble pour s'échapper de leur prison, et comme elles ont eu le tems de prendre des forces et de bien sécher leurs ailes, plusieurs reines peuvent partir avec le même essaim ; mais arrivées dans la nouvelle demeure, elles se battent jusqu'à ce qu'il n'en reste qu'une.

Suite des travaux des abeilles.

Les ouvrières, par la sortie de ces essaims multipliés, sont réduites à un si petit nombre, qu'elles suffisent à peine aux soins à donner au couvain et que la chaleur diminuerait beaucoup dans l'habitation, quoique celle de l'atmosphère augmente, si les mâles, qui sont nombreux à cette époque, ne l'entretenaient pas à un degré suffisant. Le couvain qui éclôt et la ponte de la nouvelle reine, ont bientôt réparé ces pertes ; car elle ne cesse de pondre jusqu'au renouvellement du froid, à moins que le pollen ne vienne à manquer. Cette ponte est indispensable pour la conservation de la famille, autrement, elle finirait par être détruite, puisqu'il ne se passe pas de jour qu'il ne périsse des ouvrières. Les unes sont surprises par un orage, ou se noient ; les autres déchirent une de leurs ailes et ne peuvent continuer leur voyage. Plusieurs deviennent la proie de quelques ennemis. Aussi ne vivent-elles en général qu'un an.

La ponte de la reine peut être plus ou moins considérable. Si la température est favorable, et que la récolte de nectar, de pollen et de miellée soit abondante, la multiplication est telle qu'elle peut donner lieu à une seconde saison d'essaims. Mais si la température est contraire, que la campagne fournisse peu de provisions, ou bien que la miellée soit abondante, mais qu'il n'y ait point de pollen ; alors la ponte est faible, ce qui tend à prouver que les abeilles varient la nourriture qu'elles donnent aux reines, et qu'elles peuvent à volonté augmenter ou diminuer leur fécondité, suivant les substances dont elles composent cette nourriture ; car dès que les reines sont fecondées, ce sont les ouvrières qui la leur dégorgent.

Aussi la multiplication est-elle plus ou moins grande chaque année. Elle peut varier de 40 à 80,000 œufs pour remplacer les pertes journalières de la famille, et pour produire en outre un excédant pour les essaims. Dans le cas favorable à la multiplication, il peut y avoir une seconde ponte de mâles dans l'année.

La première saison des essaims passée, et une partie de la population rétablie par le couvain qui éclôt tous les jours, si le tems paraît favorable à un nouvel essaimage, les abeilles conservent les mâles ; mais si la température est contraire sous ce rapport, et que les moyens de butiner diminuent dans la campagne, les ouvrières prennent le parti, pour ménager leurs provisions, de détruire les mâles qui sont devenus, non-seulement inutiles puisque la reine est fécondée, et que les ouvrières sont assez nombreuses pour maintenir une chaleur suffisante dans l'habitation , mais qui sont en outre à charge à la société , parce qu'il consomment beaucoup de miel et qu'ils n'en recueillent pas.

Les ouvrières commencent par les chasser du haut de l'habitation , et surtout de la partie des rayons qui contiennent du miel , pour les priver de nourriture et les affaiblir. Ces pauvres mâles ne peuvent résister quoique beaucoup plus forts, parce qu'ils sont dépourvus de moyens de défense , n'ayant point d'aiguillon comme les ouvrières. Ensuite ces dernières ne permettent pas de rentrer à ceux qui sortent , et elles tuent ceux qui s'obstinent à le faire. Enfin , après avoir affaibli , par le jeûne le plus rigoureux , ceux qui sont restés , elles les massacrent, traînent leurs cadavres hors de l'habitation ; car, s'il y a eu une seconde ponte d'œufs de mâles et que le couvain ne soit pas encore éclos, elles le détruisent. Cependant on retarde le moment de leur expulsion et destruction, dans le cas où la famille a perdu sa reine et a été obligée d'en faire une nouvelle avec des œufs ou larves d'ouvrières. On attend qu'elle soit fécondée pour porter la condamnation à mort des mâles devenus inutiles.

Les abeilles continuent ensuite à faire leur approvisionnement pour l'hiver. Elles emploient la miellée au défaut de nectar pour faire du miel. Elles tirent également parti de tous les fruits sucrés, fendus ou mangés en partie, soit par des guêpes, soit par des oiseaux, soit par la famille des rats, car l'abeille, très-utile à l'homme par son miel et par sa cire, ne lui est nuisible sous aucuns rapports. Elle n'attaque jamais un fruit sain. Elle s'approvisionne de substances qui seraient perdues si elle ne les employait pas, et dont l'homme ne profite que par le travail de ces insectes industrieux. Tels sont le nectar et la miellée.

Il est vrai que le pollen des fleurs dont les abeilles nourrissent leurs petits, a reçu une destination particulière de la nature ; mais elle l'a tellement multiplié pour chaque végétal, qu'il en reste toujours assez pour féconder les ovules contenus dans les ovaires. Les abeilles rendent même service sous ce rapport. En parcourant les fleurs, elles mettent souvent, quoique sans le vouloir, du pollen sur les stygmates ; et, comme chaque abeille ne s'approvisionne.

3*

chaque fois qu'elle sort, que sur un seul genre de plantes, elle féconde souvent une espèce par une autre espèce du même genre, ce qui produit des plantes hybrides qui participent des deux espèces. Elle multiplie, par le même moyen, les variétés dans nos jardins.

Si la campagne leur fournit peu de provisions, on les voit rôder autour des maisons où l'on prépare des sirops, et pénétrer dans les magasins où il y a beaucoup de sucre. Attirées par l'odeur, elles en prennent une partie qu'elles réduisent en miel. Leur désir de s'approvisionner est si grand, qu'on les voit s'élancer par milliers dans des vases remplis de sirop bouillant, où leur témérité est cause de leur perte.

Les approvisionnemens faits, on y met de l'ordre. Les ouvrières ont l'attention de les placer dans la partie supérieure et sur les côtés de l'habitation. Elles ne conservent pour le couvain que les alvéoles du centre dont elles retirent le miel qu'elles y ont mis dans des momens de presse. Aussi on ne trouve dans cette partie, après le massacre des mâles, que le pollen qui, n'ayant pas été couvert, s'est desséché, et est tellement durci dans les alvéoles, que les abeilles ne peuvent l'en tirer.

Si le tems a été sec et qu'il survienne une pluie, on les voit sortir en foule, voltiger autour de l'habitation, et y rentrer bientôt après s'être rafraîchies et approvisionnées d'eau. Celles qui sont fatiguées de leurs travaux placent leur tête et la moitié du corps dans un alvéole, et y restent environ vingt minutes pour se délasser. Les mâles, au contraire, en revenant dans l'habitation, se réunissent par groupes. La nuit vient, on change les gardes qui veillent à l'entrée. Si on n'a pas de travaux pour ce tems, on se livre au repos, pendant qu'une partie de la garde surveille les contours de l'entrée, s'apprête à repousser tout ennemi qui voudrait s'introduire, et que l'autre partie, en se plaçant dans le passage, la tête tournée vers l'intérieur, agite ses ailes qui servent de ventilateur pour renouveler l'air de l'habitation et pour le rafraîchir.

Le bruit que les ouvrières de garde font avec leurs ailes, annonce également à leurs ennemis qu'ils ne pourront s'introduire sans être attaqués. Si elles en craignent quelques-uns dans le canton qui soient redoutables et plus gros qu'elles, elles bouchent l'entrée avec un mélange de propolis et de cire, et elles n'y laissent que trois ou quatre trous suffisans pour l'entrée et la sortie. Mais si un petit animal ou un gros insecte s'était introduit dans l'habitation, avant qu'elles eussent pris cette précaution, elles le combattent, et, après l'avoir tué, si elles ne peuvent pas le traîner dehors, elles le couvrent d'un mélange de propolis et de cire, pour l'empêcher d'infecter l'habitation pendant sa décomposition. C'est ainsi qu'on a trouvé des limas et des souris embaumés dans des ruches.

On a vu que les ouvrières ne vivaient généralement qu'un an, et qu'elles bornaient l'existence des mâles à trois ou quatre mois au plus. La reine, qui n'est exposée à quelque danger que lorsqu'elle sort pour se faire féconder ou pour conduire un essaim, vit plus long-tems que les ouvrières et les mâles. On a remarqué la même reine à la tête d'un essaim pendant trois ans, et il se peut qu'elle en dirige pendant six ou sept ans. On l'a reconnue facilement au moyen d'une antenne qu'on lui avait coupée.

Quelle que soit la durée de son existence, le moment de sa mort peut être funeste à la famille entière. Si elle périt après avoir pondu dans des alvéoles royaux, sa perte est facilement réparée. Si elle meurt lors-

qu'il y a des œufs ou des larves d'ouvrières,
écloses seulement depuis deux ou trois
jours, on peut aussi la remplacer, s'il
existe des mâles, parce que, dans ce cas,
les ouvrières font des reines avec ces œufs
ou ces larves, en construisant des alvéoles
royaux, comme nous l'avons vu plus haut,
et en donnant à ces larves la nourriture
destinée à celles des reines; ce qui démontre
que les ouvrières ne sont privées d'ovaires
et de la faculté de se reproduire que par
la petitesse de l'alvéole qui les empêche
de se développer entièrement, et sur-tout par
la qualité de la nourriture. Ces jeunes reines
sortent quand elles ont subi toutes leurs
métamorphoses. Elles s'accouplent hors de
l'habitation, et elles ne diffèrent en rien des
autres reines.

Il faut observer que les ouvrières, toujours guidées par un instinct supérieur à
celui de beaucoup d'animaux, et jugeant
dans certaines saisons l'impossibilité d'ex-
pédier des colonies, n'en font pas moins
plusieurs reines pour être sûres d'en avoir
une. Mais elles ne se comportent pas avec
ces jeunes reines comme avec celles qui
naissent naturellement dans la saison des
essaims. Elles les laissent, quoique vierges,
s'approcher des alvéoles royaux, les percer

et détruire les nymphes qui y sont renfermées, ainsi que les petites mères ou ouvrières devenues fécondes pour avoir été
nourries en partie avec la bouillie royale ;
et elles détruisent ces alvéoles royaux placés parmi ceux d'ouvrières, quoiqu'elles
se contentent de démolir la partie de ces
alvéoles isolés qui, à raison de leur longueur, empêcheraient la reine d'y déposer
un œuf au fond, si elles étaient entières ;
de sorte que ces alvéoles, ainsi réduits de
moitié, représentent des capsules de gland
suspendues par leur pédoncule.

S'il n'y avait pas de mâles, ou que la
saison fût, pendant vingt et un jours,
contraire à la sortie des reines, elles res-
teraient stériles ou ne pondraient que des
mâles. Dans ce cas, le nombre des ouvrières
diminuant tous les jours, elles finiraient
par abandonner l'habitation.

Mais si les ouvrières sont dans l'impos-
siblité de faire des reines à la mort de la
leur, elles prennent le parti d'abandonner
de suite leur demeure, à moins qu'une
reine étrangère ne s'y présente dans les
vingt-quatre heures qui suivent la perte
qu'elles viennent de faire. Elle est alors
très-bien reçue, même quand il y aurait
des œufs ou de jeunes larves d'ouvrières,

et si on avait commencé des alvéoles royaux,
on détruirait le travail fait. Au contraire,
si cette reine entre dans l'habitation lorsque le chef de la famille vit encore, on ne
fait que de mourir, les ouvrières entourent cette étrangère, la couvrent et la
pressent au point de l'étouffer, ou bien
elles la forcent de sortir. Si elles ne peuvent
l'arrêter dans sa marche pour pénétrer dans
l'intérieur, elles la tuent à coup d'aiguillon. Lorsque cette reine ne fait que d'entrer et qu'elle est de suite attaquée, elle
cherche à fuir ; mais arrêtée par ses enne-
mies, elle se met à chanter, ce qui les
rend immobiles et lui donne quelquefois le
tems de se soustraire à leur fureur et de
s'échapper.

Le sort des ouvrières en quittant l'habitation, dépend de l'état de leurs provisions.
Si elles ont beaucoup de miel, une petite
partie s'approvisionne, se rend à l'habitation de la famille à laquelle on a décidé de
se réunir, et elle se pose à l'entrée. La
garde arrive pour les chasser ; mais au lieu
de fuir ou de se défendre, les députés alon-
gent leur trompe et ils la couvrent du miel
qu'ils dégorgent. La garde et d'autres ouvrières pompent le miel qu'on leur présente. Plusieurs suivent la députation, sont

bien reçues et se gorgent de miel. Bientôt les deux essaims s'occupent en commun de dépouiller l'habitation qu'on abandonne, et pendant ce travail, les deux familles se réunissent sans combat.

Mais lorsque l'essaim privé de reine et des moyens de s'en procurer, est dénué de provisions, il est contraint de se présenter en masse à l'entrée d'une autre habitation et d'employer la force pour s'y faire recevoir. Il choisit autant que possible la demeure d'une famille peu nombreuse. Si les assaillans sont les plus forts et forcent l'entrée, ce qui n'a lieu qu'après un combat qui coûte la vie à des milliers d'ouvrières des deux essaims, la paix peut se faire, et les étrangères sont reçues dans la famille. Si au contraire les assiégeans sont les plus faibles, ils périssent tous.

Les choses se passeraient différemment si les circonstances étaient favorables. Ainsi un essaim faible vient-il de s'établir dans un lieu à l'époque où les champs fournissent une ample récolte de nectar et de pollen, et au moment pendant lequel la reine d'un autre essaim a été tuée, ou mangée lorsqu'elle est sortie pour se faire féconder? l'essaim privé de sa reine, quoique dépourvu de provision, sera bien reçu par le faible essaim qui manque d'ouvrières , parce que , loin d'être à charge , il contribuera à la prospérité de la famille. On lui fera même une bonne réception , quoiqu'il ait une reine, surtout si l'emplacement est trop grand pour le faible. Dans ce dernier cas , il y aura réunion si les deux reines s'apperçoivent et se combattent , ou bien les deux essaims travailleront séparément jusqu'à ce que les deux reines puissent se voir.

La raison de cette différence de conduite des abeilles envers un autre essaim qui veut se réunir à elles, est facile à trouver. Lorsque la saison du nectar et du pollen est passée , plus la famille est nombreuse, plus la consommation du miel est considérable en été et à l'automne. Ainsi les abeilles prévoient qu'en recevant des étrangères dans la famille , elles s'exposeront à manquer du nécessaire et conséquemment , qu'elles doivent s'opposer à la réunion d'un autre essaim qui viendrait manger leurs provisions sans leur être d'aucune utilité, à moins qu'il n'ait à fournir une quantité suffisante de miel pour n'être pas à charge. Voilà pourquoi elles repoussent les abeilles d'un autre essaim. Mais à l'époque où le nectar et le pollen sont en abondance dans les campagnes, plus les ouvrières sont nombreuses, plus elles peuvent ramasser de miel parce que la reine n'en pondant pas davantage, il ne faut que le même nombre d'ouvrières pour nourrir et soigner le couvain. Alors les nouvelles ouvrières qui arrivent, n'ont à s'occuper que de recueillir du nectar pour en confectionner du miel dont elles remplissent les alvéoles. Il en résulte que non-seulement ces ouvrières ne sont point à charge, mais qu'elles sont, au contraire, très-utiles puisqu'elles ramassent trois ou quatre fois plus de provisions qu'elles n'en consommeront pendant la mauvaise saison. Il est donc naturel qu'on les reçoive avec bienveillance et qu'on les incorpore sans le moindre obstacle dans la famille.

Il arrive quelquefois que des essaims faibles ou sortis tard, n'ont pas eu le tems de s'approvisionner dans la bonne saison, et qu'ils ne le peuvent plus, lorsque les champs ne fournissent que très-peu de nectar et de pollen, si la miellée n'est pas abondante. D'autres essaims peuvent aussi, à l'entrée du printems, avoir consommé leurs provisions au moment où la ponte est commencée et où un vent sec fait évaporer le nectar et en prive les abeilles. La disette rend injuste comme l'ambition. On se décide à attaquer une famille bien pourvue et à s'emparer d'une partie de son miel. Un combat furieux s'engage et ne se termine ordinairement que par la destruction presqu'entière des deux essaims et par le pillage, si les assaillantes sont victorieuses. C'est le seul cas où les abeilles attaquent. Dans toutes les autres circonstances, elles ne font que se défendre pour repousser leurs ennemis ou écarter ceux qu'elles regardent comme tels. Alors elles opposent le courage et le grand nombre à la force. C'est ainsi qu'on les voit attaquer l'homme, le cheval, l'âne, le bœuf, l'ours même, se défendre bravement contre les frelons et les autres guêpes et les forcer à la retraite. Elles attaquent également les fausses teignes ou gallerias de la cire. Elles les tuent et les traînent hors de l'habitation. Si ces ennemis sont parvenus pendant la nuit à s'introduire et à pondre contre les rayons des côtés et que leurs vers commettent de grands dégâts, les ouvrières, si elles sont nombreuses, percent ces vers de leurs aiguillons et les jettent dehors. Ensuite elles réparent les alvéoles endommagés et elles détruisent les galeries et les fils faits par leurs ennemis.

Mais si un essaim qui n'a qu'un petit nombre d'ouvrières, était attaqué par des frelons, ou que les teignes se fussent beaucoup multipliées dans l'habitation, l'essaim pourrait, suivant les circonstances, abandonner leur demeure pour s'établir ailleurs.

Le froid vient arrêter la sortie et les travaux des abeilles. S'il n'est pas intense, elles vivent pendant ce tems, des provisions qu'elles ont faites et elles jouissent en paix des fruits de leur prévoyance et de leur économie jusqu'au moment où la température leur permet de sortir pour recueillir du nectar et du pollen. Mais si le froid est assez fort pour les engourdir, elles restent dans cette situation, pendant qu'il se fait sentir, et elles ne prennent de nourriture qu'au retour d'un tems plus doux. Elles conservent alors leurs provisions et elles peuvent, au printems, s'occuper de la multiplication de la famille, sans crainte de manquer de vivres lorsqu'une partie de cette dernière saison leur est contraire.

D'après ce résumé de l'histoire des abeilles, on voit qu'on ne connaît pas dans ces sociétés, de fortunes particulières. Chacun prend dans les magasins ce qui lui est strictement nécessaire pour sa subsistance. Les ouvrières, tellement empressées de les remplir qu'elles exposent leur vie pour y parvenir comme pour les défendre, usent de leurs provisions avec la plus grande sobriété. Elles ne connaissent la prodigalité que lorsqu'il s'agit de leur reine ou de ses héritières. Quant au reste de la nation, l'égalité la plus absolue règne dans ce petit état. On ne s'y distingue que par son travail, son zèle et son dévouement pour les intérêts généraux. Ceux qui ne s'y rendent pas utiles et qui ne font que consommer, sont promptement chassés ou tués. C'est le gouvernement patriarchal fondé sur l'autorité paternelle et l'amour filial dont celui de la Chine nous fournit aujourd'hui un exemple remarquable.

Dans ce grand empire peuplé de plus de cent millions d'habitans, l'Empereur est considéré comme le père de ses sujets, ainsi que la reine des abeilles qui l'est réellement, puisqu'elle a produit toute la famille. Nulle distinction de naissance que pour la famille impériale et pour celle de Confucius ou Confutzé, le législateur de la Chine, région de l'Asie, à peu près grande comme l'Europe. Les vertus, les talens, les connaissances et les services, donnent seuls droit aux places, aux récompenses et aux honneurs, et ils préviennent toute jalousie de la part de ceux qui n'y participent pas. Nulle discussion entre les administrateurs et les administrés. On ne voit jamais ces derniers refuser d'obéir que lorsque les premiers s'écartent des lois sur lesquelles se fonde le bonheur général. Le gouvernement en est tellement convaincu, qu'il destitue le chef d'une province où il y a une révolte. L'Empereur et les chefs d'administration sont chargés des actes d'amour et de reconnaissance envers l'être suprême, ce qui prévient toute contestation entre le trône et l'autel. Les arts utiles sont préférés aux arts d'agrément, et c'est le premier magistrat de l'état, l'Empereur lui-même, qui préside à la fête de l'agriculture, et qui forme, dans une pièce de terre, le premier sillon, en ouvrant le sol pour recevoir la semence dont les produits doivent nourrir ses enfans.

L'application de ces principes a été telle, que ce gouvernement, presque aussi ancien que celui des abeilles, s'y est maintenu depuis des siècles, malgré les révolutions qui ont bouleversé cet empire. Les conquérans de la Chine se sont soumis à ses lois, après avoir renversé du trône les dynasties qui avaient négligé de les faire exécuter.

Il en est de même dans une famille d'a-
beilles ; si une reine s'écarte de la marche
prescrite par l'auteur de la nature pour la
prospérité de la société ; par exemple, si
elle ne multiplie que les mâles , partie de
la famille momentanément privilégiée ,
dont le trop grand nombre causerait in-
failliblement la ruine de la société , puisqu'ils ne travaillent pas, ne font que con-
mer , et qu'ils vivent comme les seigneurs
à sinécures, des travaux des ouvrières ,
cette reine est abandonnée pour avoir violé
les lois de l'état, et les abeilles se rangent
sous l'autorité d'un autre chef religieux
observateur du pacte social , qui s'occupe
principalement de la multiplication des ouvrières, et de ménager les fruits de leurs
travaux, au lieu de les laisser dilapider
par des multitudes de fainéans uniquement
à charge à la famille. Dans toutes les autres circonstances , la reine est honorée et
chérie , et il n'y a pas un sujet dans les
ouvrières, qui ne se fît tuer pour la défendre. Dès qu'elles craignent pour elle , elles
l'entourent, la couvrent, et lui font un
rempart de leurs corps. Aussi, tout ambi-
tieux qui veut s'emparer de l'autorité est
sur-le-champ puni de mort. Malheur à une
reine étrangère qui s'introduit dans l'habi-

tation! On forme autour un cercle, comme si on voulait l'honorer et connaître le motif de son arrivée ; mais bientôt le cercle se resserre, on l'empêche d'avancer, et si elle ne se retire pas promptement, elle est bientôt étouffée, ou elle périt par les coups d'aiguillon des ouvrières qu'elle a voulu séduire et exciter à la révolte.

Tous les faits contenus dans cette *Histoire naturelle des Abeilles*, sont les résultats des recherches des *Réaumur*, *Swammerdam*, *Riems*, *Schirach* et surtout *Huber*. Je les ai tous vérifiés, et je n'ai pu, malgré mes nombreuses expériences et le sacrifice d'un grand nombre d'essaims, y ajouter que quelques faits nouveaux, constater de plus en plus les découvertes de ces savans et détruire quelques erreurs.

Ces résultats démontrent de plus en plus, que les abeilles ont un instinct très-développé, et que c'est à tort qu'on a voulu en faire de pures machines. Leurs alvéoles de dimensions et de formes différentes, démontrent la fausseté de l'explication de ces constructions par le Pline français. La position des alvéoles royaux, isolés et suspendus comme par un pédoncule, annonce le but marqué de mettre le couvain des jeunes reines à l'abri de toute attaque. La nourriture diverse que les ouvrières donnent avec la plus stricte économie aux larves des ouvrières et des mâles, mais qu'elles prodiguent à celles de reines ; leurs opérations si bien calculées quand elles n'ont plus de chefs, ou quand elles attaquent et qu'elles se défendent. ou quand une partie de la famille veut former un essaim ; enfin toute leur conduite dénote des facultés supérieures à celles de la plupart des autres insectes. et une volonté de produire un effet déterminé d'avance *. Tout est digne dans ces petits insectes de fixer notre attention, d'être pour nous des motifs de méditation, et de nous rappeler sans cesse un Dieu qui a empreint du sceau de sa puissance et de son intelligence, les plus petits insectes comme les plus grands animaux, dans l'ordre qu'il a établi sur la terre.

(*) On ne conçoit pas comment, d'après la connaissance de faits détaillés ci-dessus, un auteur a pu avoir la hardiesse de comparer les abeilles à des végétaux dénués d'instinct et n'agissant que machinalement.

FIN.

MANIPULATION

ET

EMPLOI DU MIEL

ET DE LA CIRE.

MANIPULATION

DU MIEL ET DE LA CIRE.

MANIPULATION DU MIEL.

Nous avons mis dans la première partie de ce volume, nos lecteurs en état de connaître l'histoire naturelle des abeilles, de suivre leurs travaux et d'admirer leur instinct si supérieur à celui de beaucoup d'animaux, et qui les porte à varier leurs opérations suivant les circonstances. Nous avons également donné dans le volume qui traite de la culture des abeilles, la marche à suivre pour la conservation de ces insectes précieux, et pour en obtenir d'abondantes récoltes de miel et de cire. Nous avons appuyé notre méthode sur des principes tirés de leur histoire naturelle, d'où il résulte qu'on peut l'appliquer dans tous les cantons, à toutes les températures, et quelleque soit la ruche dont on se sert. Il ne

nous reste plus qu'à donner aux apiculteurs , des renseignemens utiles sur la
manipulation du miel ou de la cire et sur
leur emploi, afin qu'ils puissent en tirer le
plus grand parti possible.

Lorsqu'on fait sa récolte, on la place
dans une chambre nommée laboratoire,
dont les croisées, à l'exposition du sud-
ouest au sud-est , sont hermétiquement
fermées pour s'opposer à l'entrée des abeilles qui s'y porteraient en foule sans cette
précaution. On établit des volets à ces
croisées, pour augmenter ou diminuer à
volonté, la lumière. Si on opère en grand
et qu'on ait besoin d'un courant d'air , on
remplace un carreau par un morceau de
toile de fil de laiton qu'on recouvre avec
un carton ou avec de l'étoffe, lorsqu'on
veut intercepter le courant d'air. Dans le
cas d'une grande manipulation, on bouche
la cheminée et on fait construire un four-
neau. On économise le bois par cette mesure, et on empêche les abeilles de des-
cendre par le tuyau de la cheminée, pour
se répandre par milliers dans le laboratoire.

Il faut placer dans ce laboratoire ,
1° plusieurs cuviers ou grands baquets
qu'on peut faire avec des barriques, des
tierçons ou feuillettes coupés en deux. Ces

baquets doivent être blanchis et bien net-
toyés pour qu'ils ne puissent communiquer
ni odeur ni couleur au miel et à la cire.
On fait à leur fond un trou dans lequel on
met à demeure un tuyau de fer–blanc ou
de tôle de 3 ou 4 pouces (8,120 à 10,882
centim.) de long, sur 1 pouce (2,706
eentim.) de diamètre. Un bouchon de
liège suffit pour le boucher.

2°. Des paniers à fond plat, d'un diamètre un peu moins grand que celui de
l'ouverture des baquets sur lesquels on
doit les poser. Leurs côtés doivent s'élever
verticalement à la hauteur de 15 à 18 pouces (4,059 décim. à 4,870). Leur fond n'est
pas formé d'osiers entrelacés, mais placés
parallèlement les uns à côté des autres et
très-rapprochés, au moins à la distance
d'une demi–ligne (1,012 millim.). S'ils
sont plus écartés, on couvre le fond avec
une toile claire nommée *canevas*, dont on
a plusieurs morceaux nécessaires pour les
opérations dont on fera mention ci-après.

3°. On a une ou deux spatules, plusieurs
pots et barils de plusieurs proportions, une
chaudière, des moules pour y couler la
cire, et une cuillère contenant la même
quantité de cire que les moules.

4°. Si on opère en grand, il faut un

pressoir et un petit treuil. Ce dernier ins-
trument est très-utile lorsqu'on fait seul
son travail.

Le pressoir est fait comme ceux nommés
à étiquette; mais les jumelles sont plus
longues. Elles descendent au-dessous de la
maye ou métage d'environ 18 pouces
(4,870 décim.), de manière que la maye
est élevée de cette hauteur au-dessus du
niveau du plancher. Cette maye a environ
2 pieds (6,494 décim.) de large et de longueur, et 3 pouces (8,120 centim.) d'é-
paisseur. Le centre de 18 pouces (4,870
centim.) carrés, est bien uni et de niveau;
mais on établit une pente vers les bords
en réduisant insensiblement l'épaisseur, de
6 lignes (1.35 centim.) par derrière, et
en la graduant sur les côtés pour que cette
réduction soit d'un pouce (2.70 centim.)
sur le devant, afin que le miel coule vers
les bords et qu'il se réunisse sur le devant.
On ménage un rebord d'un pouce (2.70
centim.) de large. Au milieu du rebord
du devant, il y a une entaille d'un pouce
(2,70 centim.) pour le passage du miel.
Elle est arrondie dans le bas. On y met
une petite plaque en tôle, ou en fer, qui
avance de trois pouces (8.118 centim.)
pour l'écoulement du miel et pour l'em—

pêcher de couler le long de la maye. Cette dernière est bien liée avec des bandes de fer, et on en met aussi deux dessous. La maye porte sur deux traverses attachées aux jambes de force qui maintiennent les jumelles dans leur position verticale : elle doit être mobile.

On pose sur la maye, un seau ou baquet carré d'un pied (3.247 décim.) de diamètre, sur 8 à 10 pouces (2,164 décim. à 2. 705) de haut. Il est composé de quatre planches d'un pouce (2.70 centim.) d'épaisseur, et garnies de deux bandes de fer qui les renforcent et les tiennent réunies, au moyen des vis et des écrous qu'elles ont à leurs extrémités. On fait de petits trous à ces planches pour le passage du miel. Le fond du seau n'y est point attaché. Il consiste en deux rangs de tringles d'un pouce (2.70 centim.) de large sur autant de hauteur, placées les unes à côté des autres, à la distance de 3 à 4 lignes (6.76 millim. à 9.02) au plus. Le second rang pose sur le premier en formant l'angle droit, et il y pénètre de quatre lignes (9,02 millim.) au moyen d'entailles. Quand on place ces fonds, les tringles qui portent sur la maye doivent être parallèles aux côtés.

On a une planche de 3 pouces (8,118 centim.) d'épaisseur , et qui entre bien juste dans le seau. Elle a une poignée au milieu. On pose dessus des morceaux de bois de même longueur , de 4 à 6 pouces (1,082 décim. à 1,623) de large , et de 1 2 ou 3 pouces (2.70 centim., ou 5.41 , ou 8,11) d'épaisseur. On met , suivant le besoin de la pression , deux ou trois rangs de ces garnitures.

La vis , quand elle est en bois , est renforcée dans la partie inférieure , d'un ou de deux cercles de fer. On y fait deux trous pour le levier qui sert à la pression , en faisant tourner la vis : ces trous traversent la vis dans son épaisseur.

Le mouton qui tient à la vis , est maintenu dans sa position par une coulisse faite dans chaque jumelle. Ces dernières sont attachées à un mur par quatre fortes bandes de fer bien scellées.

Le treuil consiste en un cylindre de bois de 6 à 8 pouces (1,623 décim. à 2,164) de diamètre, et d'un pied et demi à 2 pieds (4,870 décim. à 6,494) de long. Il a d'un côté, deux trous qui le traversent, de l'autre, une corde qui se termine par une boucle. Ce cylindre est maintenu à la gauche du pressoir à la hauteur des trous de la vis, par deux cercles de fer scellés dans un mur. On le fait agir avec deux petits leviers de bois ou de fer ; mais le levier qui fait tourner la vis, est une barre de fer de 4 pieds et demi à 5 pieds (1,461 mèt. à 1,623). Lorsqu'on veut opérer, on avance la maye en avant et on y place le seau. On la recule aussitôt que le seau ; est rempli ; et au moyen de deux crochets, on maintient le seau à sa place.

Quand on veut travailler son miel, on tire avec une spatule, les rayons des couvercles ou des ruches, s'ils y sont encore; s'il reste des mouches mortes contre les rayons, on les détache, parce qu'elles donnent un mauvais goût au miel, et qu'elles y portent un principe de putréfaction. Si elles sont vivantes, on les chasse et on les fait sortir de l'atelier. A cet effet, on ferme les volets, on entrouve la croisée et on ne laisse que le passage suffisant pour les abeilles qui, étant dans l'obscurité, se dirigent vers le passage où il y a de la lumière ; lorsqu'il n'y en a plus, on tient l'atelier bien clos. Sans cette précaution, les abeilles attirées par l'odeur du miel, s'y rendraient en grand nombre, et il serait impossible d'y travailler. Les mouches sorties, on examine chaque rayon pour en séparer le pollen et le couvain qui pour-raient s'y trouver. On enlève ensuite avec une lame mince de couteau, la cire qui couvre les alvéoles, et on place les rayons dans un panier posé sur un baquet et soutenu par deux tringles qui l'empêchent d'y enfoncer. Les rayons y sont droits et non couchés; et le bas du rayon est en haut dans la position contraire à celle qu'il avait dans la ruche pour faciliter l'écoulement du miel. On met à part, les rayons ou parties de rayons vides.

Si on veut faire du miel de première qualité qu'on nomme *miel-vierge*, on divise les rayons en deux parties. Après avoir mis à part ce qu'on veut conserver de miel en rayon pour l'usage de la table, et à cet effet on ne choisit que des rayons nouveaux dans lesquels il n'y a point eu de couvain; on ne met dans la première partie que les rayon sou portions de rayon dans lesquels il n'y a eu également ni couvain ni pollen. On les reconnaît à leur blancheur et même à leur poids, parce qu'à volume égal, ils contiennent plus de miel et sont plus lourds que les rayons très-colorés. On les arrange dans le panier, de manière que la surface d'un rayon ne soit pas appliquée contre celle d'un autre, ce qui s'opposerait à l'écoulement du miel.

Si on désire donner au miel-vierge l'odeur de fleurs d'oranger ou telle autre, on place dans le fond du panier où le miel coule, les fleurs ou autres substances dont on veut lui communiquer l'odeur.

Les autres parties de rayons se mettent dans un autre panier, après en avoir extrait le pollen, le couvain et les mouches. On les écrase avec la main au-dessus du panier dans lequel on en laisse tomber le miel et les débris.

Pendant que ces deux qualités de miel coulent, on s'empresse d'enfermer dans des vases de terre vernissée, les rayons les plus blancs et les moins froissés qu'on a mis à part. On les couvre et on les porte dans un lieu frais. Il est meilleur dans ces rayons où il se conserve long-tems. On ne doit pas craindre de le manger ainsi avec la cire, parce qu'elle corrige ses qualités relâchantes. D'ailleurs, après avoir exprimé le miel, on peut rejeter la cire.

Quand le miel de première qualité s'est en grande partie séparé de la cire, on prend les rayons, on les écrase et on les mêle avec ceux de seconde qualité ; mais, pour arriver à ce point de séparation, il faut maintenir la chaleur du laboratoire à 24 ou 25 degrés du thermomètre de Réaumur (30 à 31 degrés centigrades), pour que le miel soit plus liquide. Cette température est également nécessaire pour faire agir la presse.

Dès que le miel ne coule plus, après avoir employé une certaine quantité de rayons, on garnit le seau du pressoir d'un canevas très-fort, et assez grand pour le doubler par dessus la cire, sur la longueur et sur la largeur, afin qu'elle ne puisse échapper. On remplit ce canevas des débris écrasés de rayons de miel. On les presse avec les mains pour en mettre davantage. On passe les extrémités du canevas par dessus, et on le couvre de la planche. On presse, puis on met des garnitures. Alors on fait entrer le levier dans les trous de la vis. On donne quelques tours, puis on s'arrête pour laisser couler le miel qu'on reçoit dans un cuvier. A mesure que le mouton descend, on met des garnitures pour l'empêcher de porter sur le seau. On reprend le levier de tems en tems. Lorsqu'on n'a plus la force de le faire marcher, on l'attache par son extrémité à la corde du treuil, qu'on fait agir avec les deux petits leviers, jusqu'à ce qu'on juge la pression suffisante.

Il faut faire observer que sion avait une assez grande quantité de rayons blancs pour remplir le seau du pressoir, il ne faudrait pas en mêler la cire avec celle qui est brune, surtout dans les départemens dont on ne peut parvenir à faire blanchir la cire. Après avoir laissé couler le miel-vierge de ces rayons, on presserait les rayons blancs, séparément avec les mains, dans un panier pour les faire passer de même au pressoir et les fondre à part.

M. Fauvel a dernièrement appliqué à l'extraction du miel des rayons, la presse établie sur la puissance du *coin*. Elle est moins dispendieuse que la première, et il prétend qu'elle est d'un aussi bon usage, ce que je n'ai pas pu vérifier. Au surplus, ceux qui ont des pressoirs pour le vin, le cidre etc., peuvent s'en servir pour le miel. Il suffit d'y ajouter un seau.

Les apiculteurs qui n'ont pas la possibilité de se procurer une presse, peuvent la remplacer par un des moyens suivans :

On pose, sur un plancher en bois ou composé de dalles bien unies et très-propres, une planche de deux pouces (5.44 centim.) d'épaisseur, mais qu'en a creusée d'environ un pouce (2.70 centim.); une de ses extrémités est près d'un mur. On place un canevas sur la planche et on y arrange ensuite les débris de ses rayons.

À la rigueur on peut se passer de canevas. On recouvre le tout d'une autre planche sur laquelle on pose une pierre ou un bloc de bois, puis avec un levier en bois ou en fer un peu long et dont un bout est entré dans le mur, on fait des pesées. On peut également mettre les débris de rayon dans un four dont la chaleur n'est que de quarante degrés (50 deg. centig.) ou bien les jeter dans une chaudière exposée à un feu très-doux et sans flamme. Dans ce dernier cas, on remue continuellement pour échauffer, sans la fondre, la cire, qu'on amollit en la pétrissant avec les mains. Ensuite on la tord dans une forte toile pour en extraire le miel. Ce dernier moyen demande beaucoup d'attention pour ne pas laisser brûler quelques parties qui communiqueraient un goût désagréable au miel et une couleur rousse à la cire.

Le miel qu'on retire par la presse et les deux moyens qu'on vient de détailler, n'est que de troisième qualité.

Lorsque les rayons contiennent du miel candi ; après en avoir retiré celui qui est liquide, on les brise et on les jette dans de l'eau chaude, mais pas assez pour fondre la cire. On tient la chaudière sur un feu doux pour maintenir la chaleur. On manie et on remue le marc de tems en tems. Lorsque le miel candi est fondu, on verse le tout dans le seau de la presse pour en extraire le liquide qu'on expose à un feu doux, à l'effet d'en évaporer l'eau et d'en faire un sirop pour les abeilles, ou bien, on l'emploie dans la préparation de l'hydromel de première qualité.

Le miel étant pressé, on le laisse quelques jours dans le cuvier pour qu'il s'épure. La troisième, et quelquefois la seconde qualité, forment beaucoup d'écume que l'on enlève. Les parties hétérogènes les plus lourdes descendent au fond. Après que le miel s'en est épuré, on le verse dans des barils. Pour l'entonner, on le jette dans le baquet qui a un tuyau dans le fond et on pose ce baquet sur le baril, le tuyau dans la bonde.

EMPLOI DU MIEL.

—

Hydromel, Cidre, Bière, Eau-de-vie.

DÈS que les rayons pressés ne laissent plus couler de miel, on retire du seau le canevas qui contient le marc qu'on met à part jusqu'à ce qu'on ait fait passer dans la presse tous les autres rayons. Cette opération terminée, on émiette ce marc. On verse dessus, l'eau dans laquelle on a lavé ses instrumens et ses mains pendant l'opération ; on y joint l'écume des deuxième et troisième qualités de miel. On met dix à douze parties d'eau sur cent parties de marc. Lorsque ces matières ont trempé un jour, ou moins, suivant le degré de chaleur, on les presse de nouveau. Le miel qu'on extrait par cette pression, est grossier et chargé d'eau. Si on veut en tirer parti comme miel, on fait évaporer l'eau sur un feu doux. Ce miel peut servir pour les bestiaux et pour nourrir les abeilles après l'avoir fait un peu bouillir, l'avoir écumé et y avoir mêlé une liqueur fermentée. Dans le cas contraire, on le conserve pour faire de l'hydromel.

Dès que ce travail est achevé, on brise de nouveau le marc et on y jette un peu d'eau. Lorsqu'il est suffisamment trempé, on le presse pour la troisième fois. L'eau miellée qui en sort, est ajoutée à celle de la dernière pression. On met le tout sur le feu, et on l'y laisse jusqu'à ce que l'évaporation soit assez considérable pour la qualité de la boisson qu'on veut faire. Alors on la laisse refroidir, et après l'avoir passée dans des chausses de laine, on la met dans des futailles où, par une fermentation lente, elle se réduit en un hydromel, commun à la vérité, mais fort sain.

Ceux qui opèrent sur une grande quantité de rayons, brisent le marc une troisième fois, le font tremper et le passent à la presse. Ils mêlent dans l'eau qui en sort, le marc liquide qui est resté dans les chausses à la suite des opérations précédentes. Ils font bouillir cette eau une heure ou deux, et puis ils la versent dans des barils, où, par suite de la fermentation, elle produit un hydromel léger nommé improprement *cidre*, et qu'on donne aux ouvriers dans les cantons où l'eau n'est ni pure ni saine.

Dans les lieux où le genièvre est commun, ainsi que dans ceux où l'on a multiplié l'épicéa et l'hemloc-pruce, on peut faire bouillir quelques branches du premier et seulement les sommités des branches des deux autres, dans l'eau extraite des marcs. Ce mélange rapproche plus la liqueur de la bière que du cidre, et il est plus sain.

Ceux qui ne veulent pas faire de l'hydromel de ces eaux, ni les réduire en sirop, peuvent en tirer de l'eau-de-vie. Pour y parvenir, ils ne font pas bouillir les liquides qu'ils obtiennent par la pression répétée des marcs ; ils se contentent de les verser dans une cuve qu'ils tiennent couverte pour prévenir l'acidité et dans laquelle ils jettent également le marc resté dans les chausses. Lorsque la fermentation qui s'établit est terminée, ils en tirent une eau-de-vie par la distillation, et ils lui donnent le degré qu'ils désirent en la rectifiant. Ils ne doivent pas retarder la distillation après que la fermentation est arrêtée, dans la crainte que la liqueur ne tourne à l'aigre ou ne se corrompe.

On fait d'autres hydromels; dans les chaleurs de l'été, on peut produire une liqueur rafraîchissante avec trois parties d'eau, une de miel ordinaire et du jus d'un fruit un peu acide comme les groseilles. On la rend plus agréable en y mettant un peu de framboise ou de fleurs d'oranger, ou d'écorce de citron bien brisée. On ne laisse pas fermenter cette boisson, dont on ne fabrique qu'en raison de la consommation. On la tient dans un lieu frais pour retarder la fermentation jusqu'à ce qu'on ait pu l'employer.

Il y a une autre sorte d'hydromel plus vineux que les précédens et qui peut remplacer le vin dans les lieux éloignés de la mer, où la vigne ne peut prospérer, si le miel y est à bas prix. En voici la composition.

On prend douze livres (5.869 kilog.) de miel commun, trente-six livres (17.609 kilog.) d'eau, deux onces (6.114 décagram.) de crème de tartre dite tartrate acidulée de potasse, trois onces (9.171 décagram.) de fleurs de sureau et deux livres (9.783 hectogram.) de levure de bière.

On fait infuser la fleur de sureau dans l'eau bouillante, et après un quart d'heure d'infusion, on y mêle la crème de tartre qu'on rend plus soluble avec quatre à cinq grains (2.123 à 2.654 grammes) d'acide borique.

Quand l'infusion commence à se refroidir, on y délaie le miel et la levure. On place le tout à la température de 20 degrés *Réaumur* (25 degrés centigrades), et on l'y laisse pendant quinze jours, tems nécessaire pour la fermentation. En suivant les proportions indiquées, on peut en faire la quantité plus ou moins considérable qu'on désire. Quand on désire un hydromel plus spiritueux, on ajoute depuis une demi-livre jusqu'à une livre, (2.445 à 4.891 hectog.) d'alcool ou d'esprit, soit de vin ou d'autre substance ; mais il faut alors diminuer la chaleur de trois ou quatre degrés, pour éviter que la fermentation ne soit trop tumultueuse.

Enfin, on peut employer la méthode suivante pour faire un hydromel qui puisse remplacer les vins de liqueur, en y ajoutant les substances propres à lui donner l'odeur et le goût de tel ou tel vin.

On mêle trois parties d'eau bien pure avec une partie de miel de première qualité. On place ce mélange sur le feu ; on le remue avec une spatule pour faciliter la fonte du miel et l'empêcher de prendre un goût brûlé. On le fait bouillir douce- ment jusqu'à ce qu'il ait la consistance né- cessaire pour qu'un œuf frais y surnage. On écume bien pendant la cuisson. On a un ou plusieurs barils qu'on a bien net- toyés avec de l'eau bouillante ou un peu de lessive. On y met les substances dont on veut donner le goût et l'odeur à l'hy- dromel, et on les remplit de la liqueur encore bouillante. On maintient le degré de chaleur ci-dessus indiqué, et on cou- vre la bonde avec une ardoise, un mor- ceau de tuile, ou même un bout de planche.

Pendant la fermentation, qui dure de six semaines à deux mois, la liqueur jette beaucoup d'écume et diminue un peu ; mais on remplit le baril de tems à autre avec un peu de la même liqueur qu'on a conservée à cet effet. Lorsque la fer- mentation est arrêtée, on bonde le baril ; on le place dans un lieu frais, et on le rem- plit tous les quinze jours.

Lorsque la liqueur a acquis les qualités qu'on lui désire, on la met en bouteilles qu'on laisse debout pendant un mois, les bouchons enfoncés à moitié. Ensuite, on achève d'enfoncer les bouchons et on couche les bouteilles.

Si l'hydromel avait conservé un goût mielleux au moment de le mettre en bouteilles, il faudrait préalablement le lui faire perdre, en y mettant un peu de fleur de sureau, ou un peu de gingembre ou de girofle. Les hydromels peuvent être au besoin convertis en vinaigre.

Sirops de Miel.

On peut purifier le miel et en faire un syrop propre à remplacer celui de sucre par la méthode suivante :

On prend cinquante livres (24,457 kilog.) de miel, dix livres (4,891 kilog.) d'eau et une livre (4.89 hectog.) de craie. On les verse et on les mêle dans une bassine de cuivre d'un tiers plus grande que le volume du mélange qu'on fait bouillir deux minutes. Ensuite on y jette 2 livres $^{1}/_{2}$ (1,222 kilog.) de charbon pulvérisé, lavé et desséché. On l'y mélange avec une cuillère ou avec une spatule pour qu'il soit répandu uniformément dans la liqueur. On fait encore bouillir ce mélange pendant deux minutes, puis on ajoute seize blancs d'œufs bien battus

dans une livre (4.89 hectog.) d'eau. On
jette le tout dans la bassine, et on remue pour le bien mêler avec la liqueur. On lui fait faire, de nouveau, un
bouillon pendant deux minutes. Alors on
passe le sirop à travers une étamine ou
chausse de flanelle lavée deux fois dans
de l'eau chaude pour qu'elle ne puisse donner ni odeur ni goût au sirop. Mais il faut
remettre dans la chausse, la première partie passée équivalant au quart du sirop à
filtrer, parce qu'elle contient toujours un
peu de charbon. L'opération est alors terminée pour le sirop qui a passé ; mais
comme il en reste dans le marc, on y verse
en deux fois, autant d'eau bouillante qu'on
en a déjà employé. On laisse filtrer et égout-
ter. Ensuite, on passe à la presse et on
se sert de cette eau pour purifier d'autre
miel, ou si l'on n'en a plus, on fait bouillir
l'eau à petit feu pour déterminer l'évaporation de l'excédant de l'eau et obtenir du
sirop.

Si, lorsque l'opération est terminée, le
sirop avait conservé un mauvais goût, on
recommencerait l'opération, mais seulement avec du charbon.

Ce sirop peut servir à faire des confitures et des liqueurs, comme celui de su-

cre, en l'employant dans les mêmes proportions. On en fait même des confitures
sèches, en faisant sécher des fruits entiers
ou en morceaux, dans le four, et en les
trempant ensuite plusieurs fois dans le sirop.

AUTRES EMPLOIS ET PROPRIÉTÉS DU MIEL.

On emploie encore le miel à divers autres usages. C'est une nourriture fort
saine, mais un peu relâchante. Sous ce
rapport, il est très-supérieur au sucre pour
les enfans. Ce dernier doit être exclus de
leur nourriture et entièrement proscrit
parce qu'il les échauffe, à l'exception des
cas où les enfans seraient trop relâchés.
L'expérience a prouvé que l'emploi de bon
miel dans la première enfance, les déve-
loppait mieux que toute autre nourriture,
et qu'en le mêlant avec des fécules, au lieu
de farines telles que celle de froment qui
ne doit être employée qu'après la panifi-
cation, on les préservait de maladies et
surtout, de ces coliques dites *cordées*, qui
en font périr un si grand nombre. Aussi le
pain d'épice est-il préférable pour eux à
tous les bonbons sucrés.

Le miel est également très-utile dans la médecine, qui en fait un grand usage comme pectoral, laxatif, détersif, aidant à la respiration, divisant la pituite grossière épaissie dans les bronches, utile contre la toux convulsive, la dyssenterie ; enfin, comme propre à arrêter les effets si terribles de l'ergot du seigle, lorsqu'on en mêle un peu dans le pain fait avec du blé qui n'a pas été bien purgé d'ergot.

Le miel peut servir comme conservateur pour les substances qu'on en couvre, et qu'on préserve ainsi du contact de l'air. On peut employer ce moyen pour transporter au loin des greffes, des œufs, des graines et même des fruits. Il peut être également employé pour améliorer les vins dans les années froides, pendant lesquelles la partie sucrée des raisins ne s'est que faiblement développée. On peut en faire bouillir une certaine quantité avec un quart d'eau, et après l'avoir écumé, on le verse tout chaud dans le moût qui fermente mieux et plus promptement. Il est à remarquer que le miel perd sa propriété de relâcher, après avoir fermenté ; mais il acquiert celle d'être stomachique.

On a essayé d'extraire le sucre du miel, mais jusqu'à ce jour on n'a réussi qu'imparfaitement.

MANIPULATION DE LA CIRE.

Le marc qui contenait le miel et la cire, ayant été trempé trois fois, et ayant également passé trois fois à la presse, on l'émiette de nouveau et on le jette dans une chaudière pleine, au tiers, d'eau bien chaude, mais non bouillante. On n'en remplit pas tout-à-fait la chaudière. On remue ce marc de tems en tems, surtout lorsque l'eau commence à bouillir. Alors on diminue le feu pour empêcher la cire de trop s'élever et de se répandre, ce qui occasionerait une perte de cire, et exposerait à mettre le feu dans la cheminée. Si, malgré ces précautions, la cire s'élève jusqu'au bord de la chaudière, on y jette un peu d'eau froide. Il ne faut pas cuire beaucoup la cire, parce qu'elle devient trop sèche, cassante et brune. Cette couleur, provenant de cette cause, est d'autant plus fâcheuse qu'elle ne peut être enlevée ni par le soleil, ni par la rosée. Il faut donc n'avoir qu'un feu bien modéré. Quand le marc est totalement divisé et la cire bien fondue, on verse le tout dans le seau de la presse qu'on a garni d'un canevas très-fort et très-clair, et d'un second plus fin par-dessus le premier.

Lorsque la totalité est versée, on prend les canevas par leurs extrémités et on les soulève, tantôt d'un côté et tantôt de l'autre, pour faciliter l'écoulement d'une partie de l'eau et de la cire. Dès qu'on a la possibilité de plier les canevas par dessus, on le fait et on le presse. De tems à autre, on enlève avec une espèce de racloir la cire qui se fige sur la maye, parce qu'elle s'opposerait à l'écoulement de la cire et de l'eau dans le baquet placé dessous. Ce baquet doit contenir un pot d'eau tiède quand on le met sous le pressoir.

Lorsqu'on a pressé suffisamment, qu'il ne coule plus de cire et qu'on peut la manier dans le baquet sans crainte de se brûler, on la pétrit par petites portions dans le baquet, et on la jette au fur et à mesure dans un autre baquet rempli à moitié d'eau bien claire et chaude ; on la manie de nouveau. Elle dépose dans ces baquets presque toutes les matières hétérogènes qu'elle contenait.

Toute la cire étant fondue et bien lavée, on la fond une seconde fois, avec un peu d'eau, à un feu très-doux. On écume la cire si on y aperçoit des saletés. On la prend ensuite avec une cuillère qui en contient autant qu'un moule, et on la verse dans les moules. La cire y fait rarement des bouillons. Quand elle est figée à moitié, si on craint qu'il ne se forme des crevasses à la superficie, on détache la cire, des bords du moule, avec un couteau à lame très-mince.

Dès qu'elle est froide, on peut la retirer des moules, et s'il y a par-dessous des matières étrangères qu'on désigne par le nom de *pied de la cire* ou *boulée*, on les enlève en la ratissant, opération qu'on désigne par ces mots : *épiéter la cire*. Cette cire, qui conserve une couleur plus ou moins jaune, forme des briques et est livrée en cet état au commerce.

L'écume et les parties ratissées qui contiennent un peu de cire se mettent à part, et lorsqu'on a préparé et moulé toute sa cire, on fond ces débris pour en faire un pain ou brique de cire grossière, qui peut servir à frotter les planchers. Il faut l'envelopper parce qu'il pourrait être attaqué par les gallerias de la cire.

Des marchands se permettent quelquefois de mêler à la seconde fonte, de la graisse, de la poix de Bourgogne ou de la térébenthine dans leur cire pour en augmenter le poids. On s'en aperçoit aisément en mâchant un morceau de cire. Si elle est pure, elle n'a aucun mauvais goût, et elle ne s'attache pas aux dents. Il y a un autre moyen de s'assurer si on y a mis de la graisse; c'est d'en faire tomber une ou deux gouttes sur un morceau de drap. Lorsqu'elle est refroidie, on verse dessus un peu d'esprit-de-vin, on frotte l'étoffe et on la presse assez pour en exprimer la liqueur. Quand l'étoffe est sèche, il ne doit pas y rester de tache si la cire est pure.

Comme il y a des cantons dans lesquels on manque de pressoirs, on peut y employer les moyens suivans pour extraire sa cire du marc. On a un sac de canevas d'une grandeur proportionnée à sa chaudière, et, à défaut, à son chaudron. On le remplit du marc dont on a extrait le miel. On presse ce marc dans les mains pour que le sac en contienne davantage. Après avoir lié ce dernier, on le plonge dans une chaudière placée sur le feu, remplie d'une quantité suffisante d'eau tiède, et au fond de laquelle il y a des tringles de bois ou une planchette garnie de plusieurs trous pour que le sac ne pose pas sur le fond de la chaudière. On met un poids quelconque sur le sac pour l'empêcher de surnager, parce qu'il faut qu'il soit recouvert d'un pouce d'eau (2.70 centim.) au moins. La cire fond peu à peu, à mesure que la chaleur augmente, et elle remonte à la superficie. Lorsqu'elle est à peu près toute fondue, on l'enlève avec une espèce de cuillère faite pour cet usage, et on la verse dans un vase qui contient de l'eau chaude. On enlève alors le poids au moyen d'une ficelle qu'on y a attachée. On détourne ensuite le sac dans l'eau, on l'y presse en tout sens, on remet le poids et on obtient encore un peu de cire.

Les apiculteurs qui font peu de miel et qui ne cherchent pas à tirer parti de celui qui est resté dans le marc après la pression dans un canevas ou dans une toile, peuvent l'émietter et le répandre sur un linge devant les ruches. Ils doivent choisir, à cet effet, autant que possible, le moment où la saison fournit peu de nectar. Les abeilles couvrent bientôt ce marc et elles le dépouillent du miel qui est resté. On le jette alors dans de l'eau tiède et on l'y laisse vingt-quatre heures, puis on le met dans le sac pour fondre la cire. On y ajoute les rayons vides qu'on se contente de presser avec les mains. La cire qu'on obtient de cette manière est un peu moins grasse que celle lavée à plusieurs reprises.

Il faut retirer le marc des canevas aussitôt qu'en a achevé de presser et de laver la cire, parce qu'on aurait beaucoup de peine à l'en détacher, si on attendait qu'il fût froid. Ce marc qui devient dur comme du bois, fait bon feu : il est détersif, et les vétérinaires s'en servent pour les foulures des chevaux. Si l'on craint les gallerias de la cire dans le rucher et qu'on n'ait pas de morceaux de rayons pour placer sous des ruches vides afin de les y attirer, on peut employer du marc concassé sur lequel ces insectes viennent pondre.

La cire jaune se blanchit par les moyens suivans :

On la purifie en la liquéfiant de nouveau dans une chaudière ou l'on met un demi pour cent de crème de tartre pulvérisée (tartrite acidulé de potasse). On la coule ensuite dans des lingotières percées au fond d'une rangée de petits trous par lesquels la cire tombe en filets déliés sur un cylindre tournant, plongé en partie dans l'eau fraîche : la cire est ainsi réduite en lanières ou rubans très-minces. Si on n'a pas ces instrumens, après avoir fondu la cire jaune, on la verse peu à peu sur de l'eau tiède pour qu'elle s'y étende et forme des plaques très-minces et d'une grande surface qu'on enlève à mesure que l'eau en est couverte. La cire, ainsi préparée, est mise sur des tables ou mieux sur des châssis garnis de toile, et placés dans des lieux très-aérés pour être exposée à la rosée. On retourne chaque jour les lames de cire pour qu'elle éprouve les effets du gaz oxigène et de la lumière qui les blanchissent. Lorsque le blanchîment ne fait plus de progrès, on renouvelle l'opération jusqu'à ce que la cire ait acquis la blancheur nécessaire.

On refond alors la cire pour la passer à travers un tamis de soie ou de crin serré, et la couler en petits pains ronds du poids de deux onces (6.10 décagram) environ ; on la livre en cet état au commerce sous le nom de *cire-vierge*. Les résidus sont réunis et fondus de nouveau ; mais le produit n'est employé que pour les bougies dites *rats-de-cave*.

EMPLOIS ET PROPRIÉTÉS DE LA CIRE.

La cire est une huile végétale très-oxi-génée, mêlée avec une petite quantité d'extrait. Elle fournit par la distillation de l'acide sébacique, une huile épaisse, du gaz hydrogène, du gaz acide carbonique et du charbon.

Les abeilles en font non-seulement avec du miel, mais encore avec du sucre, comme avec des fruits sucrés et les sirops qu'on leur donne.

La nature en produit naturellement et en couvre quelques fruits à peau lisse, tels que les prunes; mais la quantité en est si petite, que l'industrie humaine n'a pu tirer parti, en Europe et en Amérique, que de celle qui enveloppe les fruits des *Mirica cerifera* et *m. gale* : on la sépare facile-ment de ces fruits. Il suffit de les jeter dans de l'eau qu'on fait chauffer. Bientôt la cire qui est de couleur verdâtre, se fond et sur-nage. Après l'avoir laissée refroidir, on la fond une seconde fois pour la purifier et la réduire en pain. On s'en sert pour faire de la bougie; mais sa lumière n'est pas aussi blanche et n'éclaire pas autant que celle de la cire des abeilles ; en revanche, elle répand une odeur agréable.

La cire des abeilles sert depuis des siècles à un grand nombre d'usages. Les peuples anciens l'employaient pour écrire, peindre, éclairer, etc. Comme ils ne connaissaient pas notre papier, ils enduisaient de cire des tablettes. On en faisait à Rome les portraits des citoyens qui avaient exercé des magistratures curules. On cachetait les lettres avec la cire, comme on s'en sert aujourd'hui pour imprimer le sceau des chancelleries de l'Europe, en lui donnant différentes couleurs.

Aujourd'hui les arts utiles et ceux de luxe en font une grande consommation. La chirurgie et la pharmacie en tirent également parti ; par exemple, le cérat n'est que de la cire mêlée d'un peu d'huile.

La chimie en fait un extrait ou beurre. C'est un onguent extrèmement doux, anodin, émollient et relâchant, d'une grande utilité pour les membres contractés quand on l'emploie en onction. C'est également un bon liniment pour les hémorroïdes. En rectifiant ce beurre, on en fait une huile à laquelle on attribue plusieurs propriétés.

Dans les ménages, on emploie beaucoup

de cire pour frotter les planchers et les meubles. On couvre d'une couche de cire, les coutils des lits de plumes et des oreillers pour empêcher la plume d'en sortir. A cet effet, on étend le coutil sur une table, et on le frotte, du côté où doit être la plume, avec un morceau de cire. Ensuite pour égaliser la cire et la faire pénétrer dans le coutil, on frotte en appuyant bien, avec le cul d'une bouteille de verre. Le jardinier en fait entrer dans son mastic pour envelopper le bas de ses greffes, la couturière pour lisser son fil, etc. ; mais la plus grande consommation a lieu pour l'éclairage et pour le culte.

On fait la bougie de deux manières. La première consiste, après avoir fondu la cire, soit jaune, soit blanche, à y mêler un peu de graisse de bouc ou de mouton prise auprès des rognons, et à en remplir des moules de verre. La deuxième est de les faire à la baguette comme la chandelle. Il faut avoir soin de cirer les mèches pour les bien unir. Si on désire couvrir seulement sa chandelle de cire, on la tient dans un air assez chaud, pour que la cire dans laquelle on plonge la chandelle puisse faire corps avec le suif. Si on désire l'empêcher de couler, ainsi que la chandelle, on les trempe dans une forte dissolution de savon blanc dans l'eau. La bougie diaphane est faite avec parties égales de blanc de baleine qu'on fait fondre à petit feu, et de belle cire blanche qu'on mêle peu à peu en remuant toujours et qu'on coule ensuite. On ajoute aussi de la fécule de pomme de terre à de la cire, pour confectionner une bougie qui ne fume pas et qui brûle beaucoup plus long-tems que la bougie de cire pure.

FIN.

LOIS SUR LES ABEILLES.

—

Un *Code rural* est desiré depuis long-tems : en attendant que les chambres s'occupent de ce travail, je vais rapporter les articles des lois antérieures, et celui du *Code civil*, et j'y ajouterai les dispositions d'un projet du *Code rural* fait en 1809.

Voici celles de la loi du 28 septembre 1791 :

« Le propriétaire d'un essaim a droit de le réclamer et de s'en saisir tant qu'il n'a pas cessé de le suivre ; autrement l'essaim appartient au propriétaire du terrain sur lequel il est fixé.

» Les ruches d'abeilles ne peuvent être saisies ni vendues pour contributions publiques ni pour aucunes causes de dettes, si ce n'est par celui qui les a vendues ou celui qui les a concédées à titre de cheptel ou autrement.

» Pour aucunes causes, il n'est permis de troubler les abeilles dans leurs courses et travaux ; en conséquence , même en cas de saisie légitime , les ruches ne peuvent être déplacées que dans les mois de décembre , janvier et février.

Art. 54 du *Code civil.* « Sont immeubles par destination , quand elles ont été placées par les propriétaires pour le service et l'exploitation du fonds..... les ruches à miel.

Les dispositions du projet du *Code rural* sont ainsi conçues :

Art. 27. « Le propriétaire d'un essaim a droit de suite sur un essaim , et par conséquent de le réclamer et de le prendre tant qu'il ne l'a pas perdu de vue ou qu'il n'a pas cessé de le suivre , en prévenant par cris ou bruits quelconques.

» Si , pour exercer ce droit de suite , il commet des dégâts , il est tenu de les payer. »

Art. 28. « Dans le cas où le droit de suite n'aurait pas été exercé , l'essaim appartient au propriétaire du terrain sur lequel il s'est fixé. »

TABLE

DES MATIÈRES.

—

6*

FIN DE LA TABLE.